园林景观必修课

园林景观手绘表现与快速设计

张海燕　主　编

刘桂玲　余汇芸　副主编

U0194929

化学工业出版社

·北京·

内 容 简 介

　　本书主要讲解园林景观设计手绘的绘画知识与表现技巧，注重设计与手绘表现的结合与运用。全书共7章，以零基础为起点，帮助初学者从线稿到上色，从单体到组合，从透视原理到效果图，从平面图、立面图、剖面图表现到快题设计，最终进入真实项目案例的设计，形成完整的知识体系。本书提供详细的步骤解析、技法引领、绘画训练、教学视频等内容，帮助读者轻松上手、高效学习，是手绘初学者晋升为手绘达人的有效"助推器"。

　　本书适合园林景观设计专业的在校学生、考研学生、设计师以及对手绘感兴趣的读者阅读使用，也适合作为相关培训的教材。

图书在版编目（CIP）数据

园林景观必修课：园林景观手绘表现与快速设计 / 张海燕主编；刘桂玲，余汇芸副主编. —北京：化学工业出版社，2022.11 （2024.9重印）

ISBN 978-7-122-42127-2

Ⅰ.①园…　Ⅱ.①张…②刘…③余…　Ⅲ.①园林设计-景观设计-绘画技法　Ⅳ.① TU986.2

中国版本图书馆 CIP 数据核字（2022）第 164433 号

责任编辑：毕小山　　　　　　　　　　装帧设计：王晓宇
责任校对：边　涛

出版发行：化学工业出版社（北京市东城区青年湖南街13号　邮政编码100011）
印　　装：北京缤索印刷有限公司
710mm×1000mm　1/16　印张15　字数290千字　2024年9月北京第1版第2次印刷

购书咨询：010-64518888　　　　　　售后服务：010-64518899
网　　址：http://www.cip.com.cn
凡购买本书，如有缺损质量问题，本社销售中心负责调换。

定　　价：88.00元

编写人员名单

主　　编：张海燕

副 主 编：刘桂玲　余汇芸

参编人员：吴中夫　杨　萍　朱世靖　王祎洁　张毅晟

　　　　　沈　佳　李　玟　楼冠钰　万昭俦　杨　艺

手绘是设计师思考、表达、创作的一种方式，也是与甲方快速进行交流、修改、展示的重要途径。当你打开本书时，它将引领和陪伴你走过愉快的学习路途，帮助你开启用手绘探索园林景观设计的大门。

编者根据北京师范大学心理学教授冯忠良先生"操作技能四阶段"的学习理论，结合编者的手绘实践经验，提出本书的手绘技能学习四阶段——讲解、示范→拓画→默画→写生，帮助初学者经历从不会画到敢于画、独立画、精于画的过程，如图1所示。

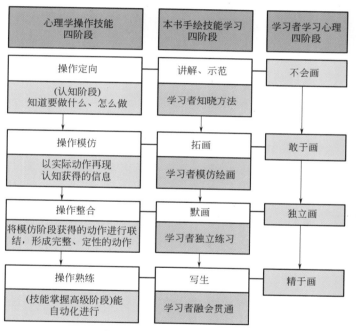

图1 手绘技能学习四阶段

本书具有以下特色。

● **完整的知识体系**

本书以零基础为起点，帮助初学者从线稿到上色，从单体到组合，从透视原理到效果图，从平面图、立面图、剖面图表现到快题设计，最终进入真实项目案例的设计，形成完整的知识体系。

● 典型的案例详解

本书的每个知识点都配备典型的案例解析。通过对案例进行实景分析、线稿解析、着色指导，详细讲解绘画步骤，帮助学习者提炼绘画技法，提高综合应用能力。

● 清晰的技法引领

本书不仅具备详细的案例解析，更提供有效的手绘方法指导。从学习者的角度考虑，对每个案例的关键和疑难点进行清晰、有效的方法引领，有助于学习者轻松突破手绘难点，有效提高学习效率。

● 丰富的教学视频

本书针对重点、难点的学习内容进行视频辅助教学，由本书编者现场实录教学视频，帮助学习者掌握重点、突破难点，提升绘画技法。

● 有效的绘画训练

本书精心设计与知识点匹配的绘画训练。在知识与方法讲解的基础上，注重学习者的实践练习。书中每个知识点后紧跟相匹配的绘画训练，通过拓画、默画、写生、快题等环节及时巩固所学知识与技法，从而达到知识内化的效果。

本书能顺利完稿离不开团队的每一位成员。衷心感谢每一位成员的努力与付出，感谢我的爱人张明明先生在创作期间给予我的指点与帮助，以及一直默默支持我的师生、朋友和家人们。

虽然我们尽最大努力，力求保证本书内容的高品质，但由于时间紧促，难免存在不足之处，望广大读者海涵与指正。大家的支持与建议是我们今后努力前行的动力与方向。

张海燕

2022 年 8 月

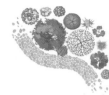

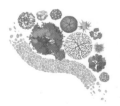

第 1 章

园林景观手绘表现
基础知识

学习目标

① 了解园林景观手绘效果图的作用与意义。

② 了解园林景观手绘表现的常用工具。

③ 掌握基础线条的表现方法。

④ 掌握马克笔和彩铅的笔触及着色方法。

1.1 认识园林景观手绘效果图

园林景观手绘效果图，是指采用手绘的方式，表述和传达园林景观设计理念与设计构思的图纸。

1.1.1 园林景观手绘效果图的作用

园林景观手绘表现是园林景观设计工作的工具和语言之一，是设计思想得以展现、交流与信息反馈的媒介，是设计师创作构思过程中必须具备的基本功之一。手绘效果图表达了设计师对空间、形体、环境、气氛等方面的理解，能让他人在第一时间了解设计师所营造的景观效果。由于园林景观手绘效果图的服务对象是园林景观设计工作，因此具有工程性、通识性、艺术性、科学性、超前性五大特质。

（1）工程性

绘制园林景观手绘效果图的目的在于记录景观设计构思过程、推敲设计理念、完善设计构想、与甲方沟通、供设计和施工参考等。其用途具有一般工程图纸的属性，所以在进行手绘效果图表现时，应忠实于实际空间，吸收工程制图的部分方法，尽量准确、真实地表现设计对象，切不可脱离实际尺寸而只追求艺术效果，导致表现出的气氛与实际相差甚远。

（2）通识性

作为设计思想的一种物化形式，园林景观手绘效果图对"通识性"的要求也很高。原因在于，一方面手绘效果图是由设计者人工绘制，受绘制者绘图能力的影响较大，相对来说能力较弱的设计者，其图纸并不能向他人全面、准确、有效地传递信息；另一方面，绘图或多或少都带有个人思想，具有一定特有性与独创性，倘若面向对此知之甚少的人群，自然存在沟通问题。因此，在设计者追求园林景观手绘效果图艺术性、专业性的同时，不能忽视它作为设计表述手段传示设计的初衷，应基于行业内约定俗成的方式去表达。

（3）艺术性

与一般工程图纸不同的是，园林景观手绘效果图还具有艺术性。不仅需要客观、具体地表述设计理念，还应使这些设计理念的表述更加生动、直观，以求最大限度地展现设计意图。一张优秀的园林景观手绘效果图不仅是设计图，更可视作艺术品来欣赏。如法国建筑设计大师、城市规划师勒·柯布西耶，我国著名建筑设计师彭一刚、单德启、梁思成，风景园林设计泰斗孙筱祥，他们留下的大量手稿不仅能体现很多伟大的设计思想，还都具有较高的艺术审美价值（图 1-1-1 ～图 1-1-4）。

（4）科学性

几何透视学、光学、色彩学、心理学等都是园林景观手绘表现的基础。在绘图过程中应科学对待手绘表现的每个环节，既要有准确的空间透视，又要尽可能真实地表现材料的色彩、质感，还应体现季节、地域、光影等变化。

（5）超前性

不同于一般的写生和绘画，园林景观手绘效果图表现的是本不存在的东西，需要设计师用笔创造理想空间，代表未来实景效果，是概念性作品。

图 1-1-1　颐和园某桥亭　彭一刚

图 1-1-2　徽州民居系列　单德启
资料来源：《师说》

图 1-1-3　唐代建筑部分详图　梁思成
资料来源：《图像中国建筑史》

图 1-1-4　杭州植物园设计手稿　孙筱祥

资料来源：《移天缩地清代皇家园林分析》

1.1.2　园林景观手绘效果图的意义

近年来，计算机辅助制图技术快速发展，使园林景观效果图的画面更精美、场景更真实，动态效果图更令人目不暇接，但若将计算机软件操作技术等同于设计本身，把漂亮、逼真的计算机效果图等同于好的设计则过于片面。这是因为，一方面手绘效果图比效果图更快、更自然，艺术性也更强；另一方面，对于园林景观设计师而言，手绘效果图不仅是设计表现，更是设计师的一种思考方式。好的设计是在"眼→脑→手→眼"连续螺旋上升的过程中不断完善和成熟起来的，只有达到心手合一，才能更好地记录和表述设计意图，快速有效地与客户沟通，以达到"共情"的效果。这大概也就是为什么，古往今来的很多设计训练都是从手绘开始，而优秀的设计大师无一例外都有着非常扎实的手绘基本功。

1.2　常用手绘工具介绍

"工欲善其事，必先利其器。"虽说身旁的很多东西都可能成为我们记录设计信息的工具，比如一支铅笔、一份旧报纸，甚至是沙地、落满灰尘的桌面……但要快捷地绘制好一张能真正说明问题且高效表述设计理念的手绘效果图，则需要选择合适的工具，并对其合理使用。下面简单介绍几类常用的手绘工具。

1.2.1　笔

绘制园林景观手绘效果图的用笔可分为两大类，一是勾线笔，二是着色笔。

1.2.1.1 勾线笔

勾线笔应用于手绘工作的起稿阶段，主要用于勾勒设计对象的造型、部分材质肌理，及设计结构表述、说明注释等。由勾线笔完成的设计稿也称为线稿。常见的勾线笔又可分为三大类，一是绘画类，二是制图类，三是办公类。

（1）绘画类勾线笔

绘画类勾线笔包括绘画铅笔、自动铅笔、木炭条（或木炭铅笔）等（图1-2-1～图1-2-3）。这类笔绘制的作品艺术表现力较强，具有画的"味道"。铅笔是绘画过程中使用频率最高的工具之一，用途广泛，根据铅芯中石墨含量高低可分为H和B两种型号。其中H型包括H～6H六种硬性铅笔，笔芯细、笔尖硬、颜色浅，但易划伤纸面，使用时要控制力度，尽量轻画；B型包括B～8B八种软性铅笔，笔芯粗、笔尖柔软、颜色深，容易被擦除也容易弄脏画面；HB型软硬适中，为中性铅笔。最常用的铅笔型号有HB、2B、4B、6B、8B。打初稿建议使用HB、B、2B这几种型号的铅笔。

图 1-2-1　绘画铅笔

图 1-2-2　自动铅笔

图 1-2-3　棉柳木炭条

初学者在使用铅笔绘图时需注意以下几点：

①笔尖削细，保持同级图线粗细一致；

②笔尖向运笔方向微微倾斜，并在绘图时匀速转动铅笔，有助于保证图线的连贯性；

③为保证图线圆润饱满，运笔力量和速度要保持均衡。

（2）制图类勾线笔

制图类勾线笔包括针管笔、鸭嘴笔等，是运用"工程制图"方式绘制表现图时常采用的笔，绘制往往辅助以尺规等工具。针管笔是常用的勾线工具，能绘制出宽度一致的精确线条，可分为一次性使用和可重复注墨使用两种，有 0.05 ～ 2.0 等不同型号（其中 0.1、0.3、0.5 三个型号最常用），常见品牌有德国红环、宝克、樱花等（图 1-2-4）。由于一次性针管笔携带方便、笔头顺畅、没有滴墨的现象，且图线干燥时间短，有利于保持画面的整洁，因此在绘制设计方案、勾草图时常作为首选工具。

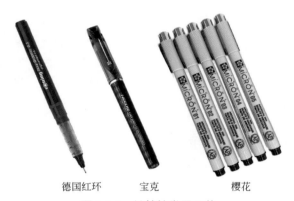

德国红环　　　宝克　　　　　樱花

图 1-2-4　针管笔常用品牌

初学者在使用针管笔绘图时需注意以下几点：

①画线时笔身尽量与纸面垂直，保证粗细一致、图线平直；

②按照先上后下、先左后右、先曲后直的作图顺序，笔速应均匀、平稳，不可反向运笔；

③若使用可重复注墨使用的针管笔，则应尽量避免停顿，防止滴墨污染画面。

（3）办公类勾线笔

办公类勾线笔包括尼龙笔、签字笔、圆珠笔、记号笔等。这类画线笔的特点是方便，可以随时记录设计构思，技法因人而异，比较灵活。

通过上述笔的类别可看出，用于勾线的笔种类非常之多。夸张地说，我们身边可记录、表述形象的一切都可作为画线笔，甚至包括粉笔、蜡笔和油画棒等。

1.2.1.2 着色笔

和勾线笔只能通过单色线稿来表现对象不同，着色笔的作用在于着色、赋色，可以用来表现对象更多的材质属性、冷暖关系及环境气氛等，由此完成的效果图也称为彩稿或色稿。着色笔包括两大类：一是自供类笔，二是蘸取类笔。

（1）自供类笔

自供类笔主要是指自身存有一定色彩的笔，如马克笔、彩色铅笔（分为油性和水溶性两种）、彩色圆珠笔、彩色粉笔等，具有携带和使用方便、色彩纯度高等特点，较适合记录表现图（快速记录）和快速表现图的绘制工作。

这类笔中，马克笔最受专业人员的青睐。近年来，考研快题的主流工具也是马克笔。马克笔是英文"marker"的音译，可选颜色较多，且无需调色，不仅省去了调色和换笔的麻烦，还便于携带，使用方便快速，画面效果简洁、明快、有质感，通常用来快速表达设计构思及效果图。

马克笔有单头和双头之分，且笔头有宽窄变化。目前市场上比较畅销的品牌有韩国的 TOUCH、美国的 PRISMACOLOR、日本的 MARVY，德国的 STABILO，以及国产的 FINECOLOUR（法卡勒）等（图 1-2-5、图 1-2-6）。马克笔根据墨水的性质可分为油性和水性两类。水性马克笔（如日本的 MARVY）多为单头，笔头较窄，价格较便宜，颜色亮丽且富于透明感，局部可溶于水，但多次叠加后颜色会变灰显脏，笔触衔接处易产生杂乱感，伤纸，影响画面效果，适合笔触叠加较少、透明感强的快速表现作品，不适合大面积上色；而油性马克笔（如韩国的 TOUCH、国产的 FINECOLOUR），虽然价格较水性马克笔高，但干得快，色彩透明，耐水、耐光性好，颜色饱和度较高，笔触融合性强，且干后色彩稳定，不易变色，多次叠加、修改也不伤纸，不仅适合在马克笔专用纸上绘制，还可用在玻璃、硫酸纸、复印纸、塑料等多种材质上，多数从业人员喜欢使用它。但需要说明的是，每个人的色彩感觉和用色风格不同，可根据自身需要有选择地购买。

图 1-2-5 日本 MARVY 单头马克笔

图 1-2-6 国产 FINECOLOUR 双头马克笔

初学者在选购马克笔时可多选择灰色系列，冷灰和暖灰系列各准备一套，纯色系列可根据绘制对象选用几种即可。但要注意同色相色彩的层次梯度要尽量丰富，以便描绘物体的明暗变化和冷暖变化。以 TOUCH 品牌为例，以下色号供大家参考购买。

蓝灰 BG：3、5、7、9。

冷灰 CG：1、3、5、7。

绿灰 GG：1、3、5、7、9。

暖灰 WG：1、3、5、7。

黑：120。

绿色系：41、43、46、47、48、51、53、54、56、59。

蓝紫色系：66、68、69、74、75、144。

红色系：4、7、23、25。

黄色系：29、31、33、34、37、38。

棕色系：92、93、95、96、97、98、100、102、104。

需要提醒的是，由于购买的马克笔因品牌、质量等原因存在一定色差，因此初学者一定要制作专门的色卡，方便绘制时进行色彩参考。

彩色铅笔价格不贵，携带方便，色彩稳定，容易控制，多配合马克笔刻画细节和形成过渡，还能较好地表现质感，也是设计师比较喜欢的一种着色工具。分为水溶性铅笔（可配合毛笔使用）、油性彩铅两种，一般从 12 色到 48 色不等。初学者建议买24 色水溶性彩色铅笔，可通过蘸水涂抹的方式绘出各种肌理效果。如果经济条件允许，建议买 48 色，可选择的颜色更多，绘制时渐变也会更加自然。市面上性价比较高的品牌有高尔乐（KUELOX）、马可（MARCO）、辉柏嘉（FABER-CASTELL），如图 1-2-7 ～图 1-2-9 所示。

（2）蘸取类笔

蘸取类笔主要是指需要颜料供给色彩才能完成着色的笔，包括毛笔、水粉笔、水彩笔等。如果有黑白表现、水彩表现、水粉表现及透明水色表现，毛笔就是必不可少的工具，常用的有大白云、小白云、小叶筋、板刷等。蘸取类的着色笔能够完成色彩相对细腻、全面的效果图绘制，经常用于记录表现图（写生）和精确表现图的绘制。在实际绘制工作中，为了设计的需要，着色笔的使用没有严格的规定，常常是多种笔综合使用。

综上所述，两类笔在选择与使用上并没什么严格界限。这恰恰说明了设计是随时随地、随想随感发生的，而笔的任务与职能就是协助设计者将瞬间的灵感转化为物象。当然，恰当地选择和使用笔，有助于提升绘制速度和提升表现效果，也是不争的事实。

图 1-2-7　高尔乐彩铅

图 1-2-8　马可彩铅

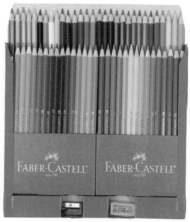

图 1-2-9　辉柏嘉彩铅

1.2.2　纸

　　作为园林景观手绘效果图的绘制界面，纸张的选择是与效果图的类别、用途和用笔密切相关的。选用合适的纸张有助于提高绘制效率，增强效果图的表现力与感染力。对于设计前期的构思表现图，任何纸张都可使用（常选择普通打印纸），但在后期的整理、推敲阶段，选用合适的纸张能更快、更好地提升设计效率与表现力。如果要深入细致地表现画面效果，就需要选择 160g 以上的纸张进行绘制，如水彩纸、水粉纸、马克笔专用纸等。这类纸张比较厚且吸水性强，利于深入勾画细节。如果要进行快速表达，则可选择马克笔专用纸、复印纸、硫酸纸等。

　　（1）水彩纸

　　水彩纸的吸水性较好，吸色均匀稳定，与一般纸张相比较厚，需裱糊之后使用，适合于水彩、水粉、透明水色、马克笔等多种颜料和工具使用。

　　（2）复印纸

　　复印纸是打印或复印文件常用的一种纸张，常用于绘图的有 A3、A4 两种规格，价格便宜、方便适用、纸质光滑、质地轻薄，适合铅笔、钢笔、签字笔、针管笔、彩铅等多数画笔使用。

　　（3）拷贝纸

　　也称防潮纸、草图纸，均匀度、透明度好，表面细腻、平整，色彩吸附力强，质地轻薄，可反复折叠，便于拷贝、修改、调整、比较方案，广泛用于草图绘制阶段。

（4）硫酸纸

又称制版硫酸转印纸，其质地坚实、密致而稍微透明，对油脂和水的渗透抵抗力强，不透气，湿强度大，能防水、防潮、防油。具有纸质纯净、强度高、透明度高、不变形、耐晒、耐高温、抗老化等特点，广泛适用于手工描绘、走笔/喷墨式CAD绘图仪、美术印刷等。

（5）马克笔专用纸

马克笔专用纸是国外近些年出现的一种专为马克笔使用的纸张，乳白色、半透明，对马克笔颜色有一定的吸附力和防渗作用。

1.3　线条基础

线稿是园林景观效果图的骨架，其形体结构、质感、明暗等因素都要由线条来表现。正确的握笔姿势有助于绘制时控制线条的轻重曲直。

1.3.1　正确的手绘姿势

（1）坐姿

使用绘图板绘制时，应将绘图板一端靠腹部，一端靠工作台，身体略向前倾，腰挺直，视线与图面垂直。这样既能较好地控制图面整体关系，又能保证图面不发生透视变形（图 1-3-1）。

使用普通写字台绘图时，视线与纸面倾斜角较大，易造成视觉偏差导致表达变形。建议画的过程当中眼睛与画面之间保持足够距离，并时刻注意全局（图 1-3-2）。

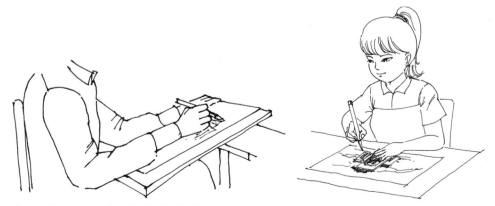

图 1-3-1　使用绘图板绘图时的坐姿　　图 1-3-2　使用普通写字台绘图时的坐姿

在条件允许的情况下，建议购置专用设计台，不仅能使绘图者保持良好坐姿，其倾斜的台面还能有效解决视觉偏差。

（2）握笔

立式：主要用于构图及细节的刻画，绘制时大拇指与食指轻握笔下端约 1/3 处，一般 3cm 左右，笔杆后端自然靠在虎口处，笔与纸面角度根据实际情况调节，大致在 45°～90°之间，可用笔尖画出较细致的线条（图 1-3-3）。

图 1-3-3　立式握笔

卧式：主要用于大构图、大面积涂抹填色及交叉排线，拇指和食指握住笔约中端的位置，手掌悬空，避免污染画面（图 1-3-4）。

图 1-3-4　卧式握笔

1.3.2　线条画法

（1）直线的画法

长横线（＞5cm）：卧式握笔，肘与腕不动，手臂水平运笔，起笔与收笔略下压（图 1-3-5）。

图 1-3-5　长横线

短横线（≤5cm）：手指钳住笔头，手腕不动，以手肘为支点水平运笔，起笔与收笔略下压（图1-3-6）。

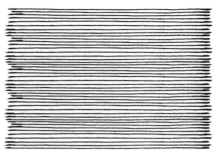

图 1-3-6　短横线

短竖线（≤5cm）：立式握笔，以虎口为支点垂直运笔，起笔与收笔略下压（图1-3-7）。

长竖线（＞5cm）：握住笔约1/2处，笔与手呈90°夹角，将笔卡在虎口上，手腕不动，前臂与纸的垂直边保持平行，以手臂为支点垂直运笔，起笔与收笔略下压（图1-3-8）。

图 1-3-7　短竖线

图 1-3-8　长竖线

两点连直线：主要训练手眼合一。先间隔一段距离点两个点，再用直线将两点连起来。刚开始练习时，两点距离可以近一点，再逐渐将距离拉长（图1-3-9）。

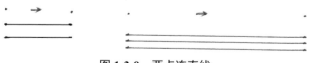

图 1-3-9　两点连直线

 技法引领

① 徒手画线可以从简单的慢线练习开始，笔速应均匀平稳，停顿要干脆，画出的线条要直且富有力度，运笔方向为从左到右，从上到下。

② 有一定手感后就可以画快线了。画快线时速度要快，两头重中间轻，起收笔都要有顿笔。快线不宜过长，一般 5cm 左右即可，适合画景观小品。

③ 快速表现要求的"直"是感觉和视觉上的"直"，无论是快直线还是慢直线，只要最终达到视觉上的平衡即可。

 【绘画训练 1-3-1】 直线练习

范例

拓画

默画　准备尺寸适宜的纸张默画。

（2）曲线的画法

曲线也是手绘线条基础中的重要内容，特别是在园林景观手绘中更应重视。和直线相反，绘制曲线主要依靠手腕的灵活性，绘制时要尽量轻松自然，以下是不同曲线的练习方式。

弧线：弧线在画面中几乎无处不在。一条普通曲线往往由多条弧线相切形成，绘制时应有一定的速度以确保曲线的弹性和连续性，但要有意识地强调起笔和收笔，避免线条过"飘"。

S形曲线：多用于绘制水流、云纹或倒影，绘制时将多个S形曲线依次相连，但要尽量避免出现交叉与重叠。

【绘画训练 1-3-2】 曲线练习

范例

准备尺寸适宜的纸张默画。

（3）阴影线条

在表现物体暗部和阴影时，一般用连续的直线画出物体的暗部和阴影。线条要有虚实变化：暗部实，亮部虚；明暗交界线实，两侧虚。收尾建议用 N 形线。

【绘画训练 1-3-3】 阴影线条的练习

範例

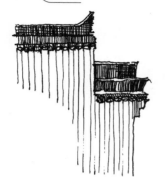  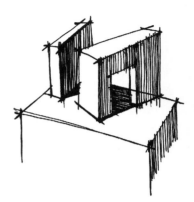

拓画

  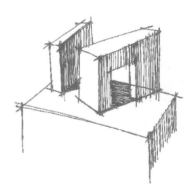

 准备尺寸适宜的纸张默画。

【绘画训练 1-3-4】 综合线条绘画

  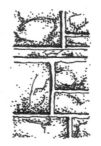  

1.4　马克笔、彩铅的笔触与着色方法

　　如果说线稿是手绘效果图的骨架，那么色彩就是皮肉。马克笔运用得好坏直接影响整体画面效果。

1.4.1　马克笔的笔触与着色方法

　　马克笔速干且稳定性强，能够便捷地表现出设计者预想的效果。在特征上，马克笔的绘画效果具有线条与色彩的双重属性，既可以作为线条来使用，又可以作为色彩去渲染。

1.4.1.1　马克笔的笔触

　　马克笔的笔尖有粗细之分，而笔头形态则又可分为楔形方头和圆头两种，大部分品牌的马克笔都有双头，粗头为楔形方头，细头为圆头。可通过转换笔尖的角度和倾斜度，绘制出粗、中、细等不同宽度的线条，并通过排列组合及笔触，形成明暗块面及不同质感。

　　马克笔的粗头一般用来进行大面积的润色，笔触感明显（图1-4-1）。

图 1-4-1　马克笔粗头

马克笔的细头主要用于表现细节，若力度大，画出的线条就相对粗些；若力度小，则能画出很细的线（图 1-4-2）。

图 1-4-2　马克笔细头

马克笔的侧峰也可以画出纤细的线条，力度不同，线条粗细也不同。稍微向上提笔可以让线条由粗变细（图 1-4-3）。

图 1-4-3　马克笔侧峰

马克笔的笔触一般可分为线笔、排笔、叠笔、点笔、晕染、摆笔、扫笔、连笔等。

（1）线笔

可用笔的宽头或细头画出曲直、粗细、长短等有变化的线。画线时，手臂要向一侧均匀用力，快速推动，不需要起笔和收笔，也不要在纸面上停留时间过长（图 1-4-4）。

图 1-4-4　线笔

（2）排笔

重复用笔的宽头排列画线，多用于大面积色彩的平铺。排线时要注意笔触均匀快速，每笔之间都不要重叠，笔触粗细长短相同（图1-4-5）。

图1-4-5　排笔

（3）叠笔

一般也用笔的宽头，通过笔触的叠加，体现色彩的层次与变化，可同色叠加也可异色叠加，但叠加最好不超过三层（图1-4-6）。

图1-4-6　叠笔

① 画线、排线运笔时，手腕尽量不动，笔头紧贴画面，眼睛要提前看到线条终点位置，胆大心细，快速运笔。

② 画出的线条要平滑完整、颜色均匀，不要有节点和波浪起伏。

色彩的叠加又称为"融色"，可以用来表现颜色的渐变和色彩的变化。而色彩的叠加又分成两种：干画法和湿画法。

① 干画法绘画技巧：待第一遍颜色干透后，再在其基础上用其他的颜色叠加第二遍，此时两种颜色不会混合，比触感强，富有变化（图1-4-7）。

图 1-4-7　干画法效果

② 湿画法绘画技巧：在第一遍颜色未干时，就在其基础上快速进行第二遍颜色的叠加，此时两次颜色会充分混合，色彩丰富，过渡自然（图1-4-8）。

图 1-4-8　湿画法效果

（4）点笔

一组笔触运用后多用此笔法点睛，一般用宽头侧锋点笔，常用于表现植物的叶子，或在效果图中起到活跃画面的作用（图 1-4-9）。

图 1-4-9　点笔

（5）晕染

相对于线笔、排笔有一定难度，属于马克笔的湿画法，需要控制好马克笔的水量和叠加的颜色，多用于绘制天空、云彩。一般用重叠法由浅到深进行绘制。晕染时先要确定物体的明暗分布，再浅浅平涂一层底色，趁底色还没干时从明暗交界线位置开始叠加相对深一点的颜色。越往亮部方向绘制，力度越轻，密度越小。如果是画金属、钢筋混凝土等相对较硬的物体，尾部可用 N 形线收尾（图 1-4-10）。

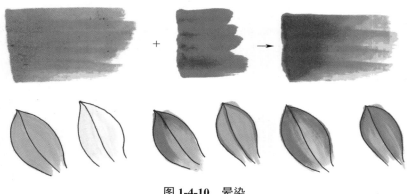

图 1-4-10　晕染

（6）摆笔

摆笔也是马克笔运用中比较常见的一种笔触，它讲究快、直、稳，线条交界线比较明显。

① 单行摆笔练习。横向或竖向排列线条，块面完整，整体感较强（图 1-4-11）。横向或竖向排线，通过用笔的轻重产生渐变，从而形成虚实变化，使画面生动、透气（图 1-4-12）。

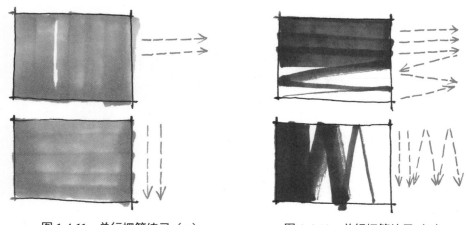

图 1-4-11　单行摆笔练习（一）　　　　图 1-4-12　单行摆笔练习（二）

笔触渐变排线练习，可以帮助大家熟练掌握单行摆笔的上色技巧。练习这种笔触时，宽线条可利用笔的宽头整齐排列；过渡时，可利用宽头的侧峰或细头画细线。注意运笔要流畅连贯，一气呵成。

②叠加摆笔练习。以下为叠加摆笔的几种不同叠加形式（图1-4-13）。

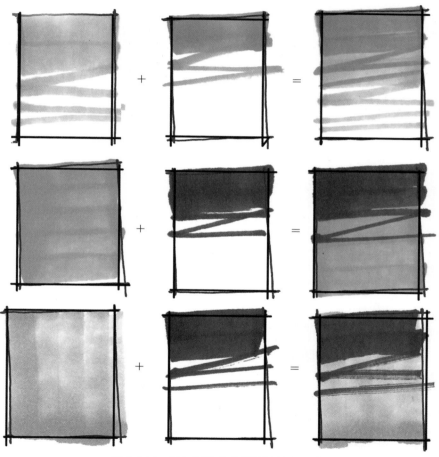

图1-4-13　叠加摆笔的几种不同叠加形式

说明：通过深浅不同的笔触叠加产生色彩变化，为了体现相对明显的过渡，常使用深浅不同的几种颜色叠加，一般同色系运用较多，颜色色阶越接近，叠加过渡越自然。

方向不同的叠加不建议初学者使用，一旦运用不好，会使整体画面变乱。

（7）扫笔

扫笔也是一种难度相对较高的技法，可以一笔画出深浅变化，常用于表现暗部过渡和画面边界过渡。常见扫笔方式如图 1-4-14 所示。

图 1-4-14　常见扫笔方式

上图分别是从左到右横向排列扫笔，从右到左横向排列扫笔，从下到上竖向排列扫笔，从上到下竖向排列扫笔，从左上到右下斜向排列扫笔，从右上到左下斜向排列扫笔，从左下到右上斜向排列扫笔，从右下到左上斜向排列扫笔。

（8）连笔

连笔同样也是一种难度相对较高的技法，需要在绘制时一气呵成，类似写 W，速度快且要有高低变化，左右两侧较低，常用来表现植物（图 1-4-15）。

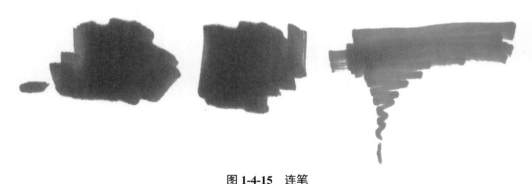

图 1-4-15　连笔

范例

拓画

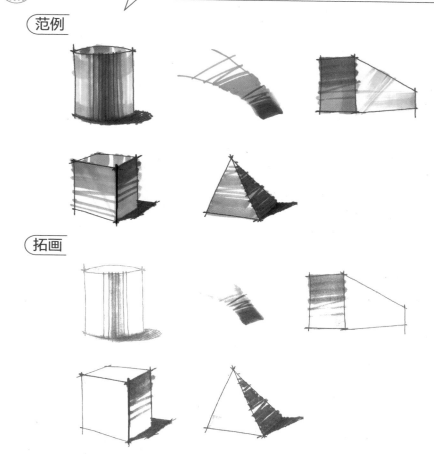

默画 准备尺寸适宜的纸张默画。

1.4.1.2 马克笔的着色方法

园林景观手绘效果图中的色彩主要用于表述对象的色彩信息（色相、明度、纯度）及其物质属性所显现的质感等内容，并通过一定的色彩艺术渲染，达到烘托气氛、突出表现设计理念的目的。手绘效果图中的色彩不同于一般意义上的绘画色彩，是为设计对象服务的，具有图纸的说明属性。在一定程度上，虽然也能表达设计师的个人情感，但最关键的还是要表现设计对象自身的色彩属性（固有色、质地），色彩的表现相对单纯化，还原度较高，主要关注的是图面中大色块之间的关系，如主体物、形态细节、投影、底色等几大因素。当然，适当的色彩表现还是需要的，但不可喧宾夺主，影响设计思想的准确传达。具体需把握的用色要点如下。

① 充分尊重设计对象固有色。园林景观手绘效果图的首要职能是准确、全面地表述设计意图。因此，在具体色彩表达时，应充分尊重设计对象的固有色，降低主观因素的色彩感知，尽量还原园林景观的真实色彩，以帮助甲方了解景观建成后的实际色彩效果。

② 通过色彩的对比、衬托，强化设计信息。为了更有力地说明园林景观的色彩属性，在尊重对象固有色的前提下，可利用色彩的色相对比、纯度对比、明度对比等方法，达到突出主景的效果。

③ 通过对部分色彩的适当省略，以求高效传达设计理念。为高效、快捷地完成手绘效果图，对图中非主要内容可采取少着色或不着色的手法。重在高效表达设计理念，不必过分追求作品的完善程度。在具体的绘制中，对于需要重点表达的主体内容，可通过浓墨重彩进行刻画；对于次要内容则可适当省略，点到即止，最终通过色彩的虚实对比，使图面的主体更加突出。

马克笔色彩浓烈，虽色彩型号很多，却无法像彩铅那样进行丰富的色彩融合，只能进行简单叠加，很难形成丰富的色彩层次变化。绘制时建议遵守以下几条基本的配色法则。

① 控制色彩对比关系和用色明度、纯度。

② 多使用中性色，尤其是多种型号的灰色，使画面整体保持中性色调。

③ 尽量不使用过于艳丽或视觉冲击感强的色彩，仅以少量鲜艳色彩进行点缀。这一点，初学者尤其要注意。

④ 马克笔上色的特点是简洁明快，不适合大面积上色或涂满，应注意留白。着色主要针对画面中的主体内容，省略靠近画面边缘的内容，整个画面着色覆盖量达到80% ～ 90% 即可，一般建议分层着色，拉开明度和对比关系。着色还应注意不可过于分散，要形成由中心向外围扩展的空间关系，一般以视平线为轴横向推层着色，控制好颜色的纵向扩展，使画面呈现出较明显的横向展开效果。

以 FINECOLOUR 品牌的马克笔为例：

绘制天空、水体可用 BG95、BG96、B234、B240、B241 等色号；

绘制混凝土墙面可用 CG268、CG270、CG272、GG63、GG64 等色号；

绘制砖墙可用 PG38、PG39、Y1、Y3、R175、R140 等色号；

绘制玻璃幕墙可用 BG85、BG86、B234、B240、B241、B245 等色号；

绘制木结构可用 E246、E172、E171 等色号；

绘制植被可用 YG23、YG24、YG27、YG30、YG37、YG44、G51、G56、G57、G58、G59、BG83、BG84、BG95、BG96、BG233、BG107 等色号；

绘制路面可用 CG270、CG272、E170、E171 等色号；

暗部压脚可用191等色号。

以TOUCH品牌的马克笔为例：

绘制天空、水体可用66、68、74等色号；

绘制混凝土墙面可用CG1、CG3、CG5、CG7等色号；

绘制景观小品可用97、100、102、104等色号；

绘制玻璃幕墙可用BG3、BG5、BG7、BG9等色号；

绘制植被可用41、43、46、47、48、51、53、54、56、59等色号；

绘制路面可用BG5、BG7、WG1、WG3、WG5、WG7等色号；

暗部压脚可用BG9、120等色号。

此外，使用马克笔上色还要注意以下几点：

① 马克笔上色要求准确、快速，下笔前一定要考虑清楚，忌磨蹭、重复及笔调琐碎，忌将颜色铺满整个画面，也忌缩头缩尾不敢画出结构线，要有重点地进行局部刻画，使画面更灵动，重点更突出；

② 马克笔覆盖性不强，类似水彩，淡色无法覆盖深色，上色后不易修改，因此在给效果图上色的过程中，应该先浅后深，以中性色调为宜，忌用过于鲜亮的颜色；

③ 马克笔同色叠加会显得更深，但超过三次叠加一般无明显效果，且容易显得很脏；

④ 马克笔中冷、暖色系列按照排列顺序都有相对接近的颜色，明暗交界处建议跳1～2个色号叠加绘制渐变色；

⑤ 物体背光处，用稍有对比的同系深色压住；

⑥ 物体受光亮部一般留白，高光处也可用高光笔提亮，以强化结构质感；

⑦ 物体暗部和投影处的色彩要尽可能统一，尤其是投影处可再深一点；

⑧ 垂直交叉的笔触可以丰富马克笔的上色效果，一定要等第一遍颜色干透后再上第二遍颜色，否则上下颜色相融反而没有笔触轮廓（图1-4-16）。

图1-4-16 马克笔上色效果

1.4.2　彩铅的笔触与着色方法

　　彩铅色彩齐全，便于携带，各类型画面都适用，技法难度不大，掌握起来比较容易，也是园林景观设计师常用的手绘表现工具，经常与马克笔搭配使用，因此被戏称为马克笔的"最佳搭档"。

1.4.2.1　彩铅的笔触

　　彩铅是铅笔的延续，所以其很多绘画技法与铅笔类似；但彩铅的笔芯由黏土与颜料混合而成，往往具有一定的油性与蜡质，和普通铅笔不同（普通铅笔笔芯由石墨制成），因此在上色方面与普通铅笔又有所区别。

　　画大块面及较长的直线、弧线时，可采用类似画素描的握笔方法，笔尖朝前，笔与纸面夹角较小；勾勒细节、画短直线或弧线时则采用类似书写的握笔方式，笔尖朝斜下方，笔与纸面的夹角较大。

　　彩铅常用笔触如下。

　　① 平铺排线：用笔均匀地平行排线，以达到色彩一致的效果（图1-4-17）。

图 1-4-17　平铺排线

　　② 交叉排线：用两组或两组以上的平行线以不同角度交叉排线，以达到色彩轻重、疏密不同的效果（图1-4-18）。

图 1-4-18　交叉排线

③彗星点状：笔尖落在纸面上轻轻上提形成小尾巴，用笔要干净利落（图1-4-19）。

图1-4-19 彗星点状

④圆点状：笔尖落在纸上，形成均匀的点状纹理（图1-4-20）。

图1-4-20 圆点状

⑤旋转：连续旋转笔尖多次，形成小的弧线或圆圈，一般用于绘制树丛（图1-4-21）。

图1-4-21 旋转

⑥长线：笔尖在纸面上流畅行走，形成长线，多用于勾画叶脉等线条（图1-4-22）。

图 1-4-22 长线

除此之外，还有麻团线、三角连续、网状编织、毛绒等笔触（图 1-4-23）。

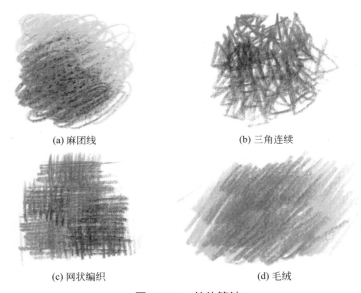

(a) 麻团线　　　　　　　　　　　(b) 三角连续

(c) 网状编织　　　　　　　　　　(d) 毛绒

图 1-4-23 其他笔触

1.4.2.2 彩铅的着色方法

需要注意的是，彩铅既可以表现清新淡雅的效果，也可以形成强烈的视觉效果。运用彩铅给手绘效果图上色时，一定要注意力度的变化。这样才能使画面形成明确的色彩和明度对比，发挥彩铅的长处。

叠色是彩铅着色的一种常见技法，手绘效果图表现虽不需要像专业绘画那样进行细致的色彩关系分析，但仅靠简单涂满颜色也是很难获得较好效果的。叠色可分为单色叠色和多色叠色（同色系叠色、异色系叠色），通过颜色的叠加可让画面更细腻，使物体质感更强。

① 单色叠色：即用一种颜色绘制，可以用力平铺，也可以用同一个颜色多次叠加，提高其颜色的深度和饱和度（图 1-4-24）。

图1-4-24　单色叠色

②同色系叠色：即用同一色系的颜色叠加绘制，色相不变（图1-4-25）。

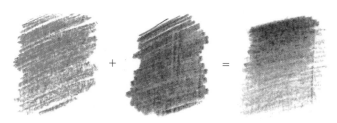

图1-4-25　同色系叠色

技法引领

先用浅蓝色彩铅或马克笔铺底，再叠加深蓝色；或先画较深的蓝色，再叠加浅一点的蓝色，结合马克笔使用，建议先浅后深。

③异色系叠色：用不同色系的颜色叠加，使色相发生改变（图1-4-26）。

图1-4-26　异色系叠色

先用蓝色打底，再叠加红色，可以形成紫色的效果。

在手绘效果图时，应适当在大面积的单色调中加入其他色彩。加入的色彩最好和主色调有对比，以便较好补充单调的底色，使画面色彩丰富起来。比如，绘制树冠时可在绿色调的基础上适量加入黄色或橙色，通过冷暖色调的对比丰富画面层次，体现植物的光影效果和季相变化。

虽然彩铅的搭配具有较强的自由性，但是也不可加入过多的附加色，面积也不可过大，以免喧宾夺主，甚至破坏画面的整体性。要注意色彩的主次关系，远景最好少叠色或不叠色。

渐变也是一种常用的彩铅上色方法。在园林景观中，各种元素都是有空间关系的，而有空间关系的物体就一定要有渐变，可用单色或叠色的方式形成渐变关系，但要尽量避免忽轻忽重不均匀的问题。

① 单色渐变：主要由一种颜色形成渐变关系，用笔力度由重到轻慢慢自然过渡；如果怕力度不够，也可先均匀铺一层底色，在第一层基础上反复叠加，每一遍颜色都要比上一次范围小些，多次叠加同样可形成渐变（图1-4-27）。

图1-4-27　单色渐变

② 多色渐变：和单色渐变的画法一样，多色渐变也是由深到浅，由轻到重（图1-4-28）。

先用草绿色画渐变色，再在这个基础上叠加橙色，可让色彩更加丰富。

图1-4-28　多色渐变

此外，着色时笔触一定要有规律，这样才能使画面效果完整和谐；一些边角和细节的笔触还需随形体结构进行刻画。彩铅与马克笔配合绘制时，可形成较好的色彩过渡，增加色彩变化和材质的质感（图1-4-29）。

图 1-4-29　彩铅与马克笔配合绘制

【绘画训练 1-4-2】　彩铅与马克笔的衔接练习

范例

拓画

 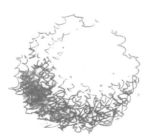

默画　准备尺寸适宜的纸张默画。

第2章

景观材质的表现方法

学习目标

① 了解不同景观材质的质感特点。

② 学会常见景观材质的线稿表现方法。

③ 学会常见景观材质的着色技法。

2.1 石材的表现

石材作为园林景观中一种重要的硬质景观材料，常用于地面、墙面。根据材质的肌理，可将石材分为毛面石材和光面石材。在手绘表现时要抓住不同石材的特征，运用不同形式的线条进行绘画。

2.1.1 石材的线稿表现

（1）光面石材

① 材质特点：石材经过抛光加工后表明光滑，反光较强烈，平整度高，类似于镜面效果，如光面花岗岩等。

② 线稿表现：用快线的方式排线，表现石材坚硬的材质特点，必要时可用尺子辅助完成线条的绘制（图 2-1-1）。

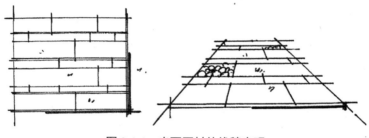

图 2-1-1　光面石材的线稿表现

（2）毛面石材

① 材质特点：石材未经抛光打磨，其表面粗糙不光滑，有颗粒感，反光不强烈，形状大小不一，如板岩、砂岩、文化石等。

② 线稿表现：可用抖动的慢线表现毛石边缘的不规整性，适当的点表现可增加表面的质感肌理（图 2-1-2）。

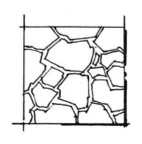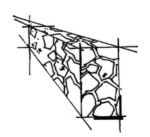

图 2-1-2　毛面石材的线稿表现

2.1.2 石材的着色表现

（1）光面石材的着色步骤——冷灰色调

① 整体铺设浅灰色，为石材明确色彩基调（冷灰）。

② 局部叠加斯塔 CG03 号中灰色。

③ 用灰色彩铅轻轻排线，增加石材的材质肌理感（图 2-1-3）。

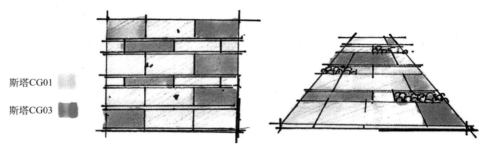

斯塔CG01

斯塔CG03

图 2-1-3　光面石材着色——冷灰色调

（2）毛面石材的着色步骤——暖灰色调

① 扫笔法铺设斯塔 WG00 暖灰色。

② 局部叠加斯塔 WG01 号色、斯塔 Y611 号色。

③ 暗部及缝隙叠加斯塔 WG03 号色，用黑色局部加深（图 2-1-4）。

技法引领

① 先浅后深：先铺浅色，再局部加深色。

② 色系一致：前后叠加的灰色使用同一色系，避免冷暖混色。

③ 颜色勿反复多次叠加，避免画面闷，不透气。

④ 用垂直扫笔表现光面石材的倒影效果。

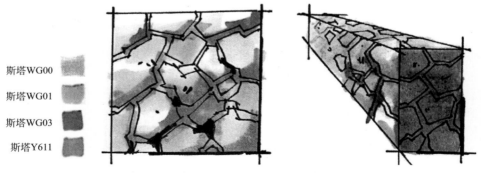

斯塔WG00

斯塔WG01

斯塔WG03

斯塔Y611

图 2-1-4　毛面石材着色——暖灰色调

【绘画训练 2-1-1】 石材线稿与着色练习

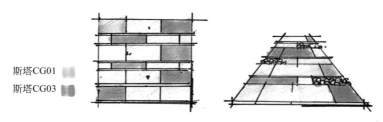

斯塔CG01
斯塔CG03

拓画

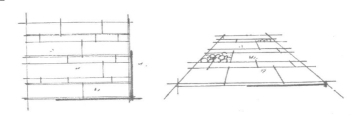

默画　准备尺寸适宜的纸张默画。

范例

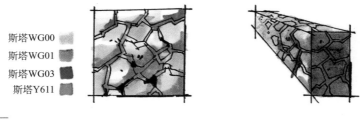

斯塔WG00
斯塔WG01
斯塔WG03
斯塔Y611

拓画

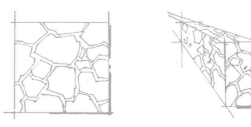

默画　准备尺寸适宜的纸张默画。

2.2 木材的表现

　　园林景观中的木材应用非常广泛，常用于亲水平台、栈道、广场铺装，以及休息座椅等园林景观设施中。用于园林景观中的木材大部分要做防腐处理，提高木材的稳定性和使用效果。

　　材质特点：纹理丰富，质地较软。

2.2.1　木材的线稿表现

　　木材弦切面的 V 形木射线纹理用细线表示，可用抖动的慢线绘制（图 2-2-1）。

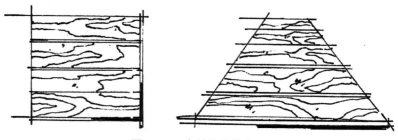

图 2-2-1　木材的线稿表现

2.2.2　木材的着色表现

　　木材的着色步骤如下。

　　① 打底：斯塔 Y611 号色摆笔铺浅色。

　　② 叠加：同一色号局部快速叠加，表现木材的颜色层次感。

　　③ TOUCH102 号色在木板缝隙处局部加深，表现暗部效果。

　　④ 棕色彩铅在表面轻轻排线，增加材质的质感（图 2-2-2）。

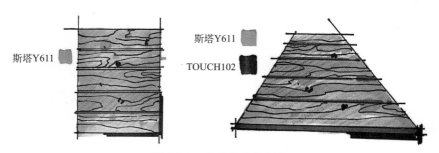

图 2-2-2　木材的着色表现

 技法引领

色彩叠加技法：

① 同一色号可以通过叠加表现出加深效果；

② 前后两层色彩间隔时间短，色彩融合度高；间隔时间长，层次感更明显。

倾斜的面域如何画出规整的边缘？——两步走：

① 笔头与起始边线保持平行，扫笔至未到终端前结束；

② 从终端用同样的方法快速回扫，补充前一笔的缺口。

【绘画训练 2-2-1】 木材线稿与着色练习

范例

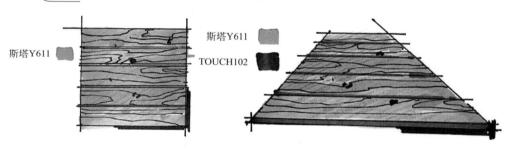

斯塔Y611

斯塔Y611

TOUCH102

拓画

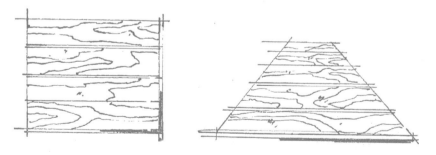

默画　准备尺寸适宜的纸张默画。

2.3 玻璃的表现

玻璃在建筑的窗户、门、幕墙等部位，以及景观中的构筑物、花架顶部、地台等处都是常用材料，从色彩上可分为有色玻璃和无色玻璃。

材质特点：质地硬而脆、透明。

2.3.1 玻璃的线稿表现

玻璃的质地硬，在线条画法上可参考石材，用刚劲挺直的快线表现（图2-3-1）。

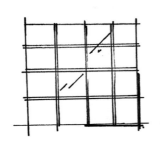

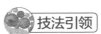技法引领

可用尺子辅助画直线，用斜线表示物体或光照的反射效果。

图 2-3-1 玻璃的线稿表现

2.3.2 玻璃的着色表现

玻璃的色彩一般用蓝色系表示，来源于玻璃本身的固有色，或是由天空及周边物体投射的环境色（图2-3-2）。

斯塔BG01
斯塔BG03
TOUCH76

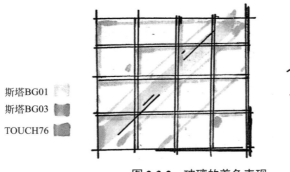

图 2-3-2 玻璃的着色表现

玻璃的着色步骤如下。

① 铺"灰底子"：斯塔 BG01 冷灰色铺底。

② TOUCH76 号色倾斜摆笔，疏密、粗细结合，方向与投射线相一致。

③ 斯塔 BG03 号色细笔表现边框的阴影效果。

技法引领

① 马克笔如何画出挺直的线条？——用尺子辅助完成。

② 为何铺"灰底子"？——降低物体的亮度，让物体更接近自然光线下的效果，是绘制水面、玻璃等通透景物时常用的方法。

【绘画训练 2-3-1】 玻璃线稿与着色练习

范例

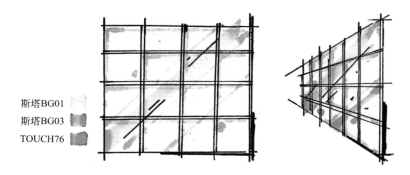

斯塔 BG01
斯塔 BG03
TOUCH76

拓画

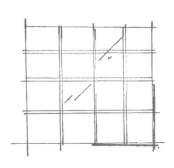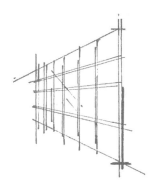

默画 准备尺寸适宜的纸张默画。

2.4 金属的表现

金属材质常应用在景观空间的地面、墙面、构筑物、景观小品及设施等处。常见的金属材质有钢材、铸铁、铝合金及其他有色金属。

材质特点：经过抛光处理后的金属光泽度好，反光度高。

2.4.1 金属的线稿表现

金属的表面一般不做过多纹理，线稿表现时只需表达简洁的轮廓线即可（图 2-4-1）。

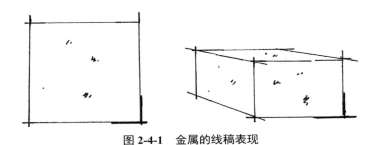

图 2-4-1 金属的线稿表现

2.4.2 金属的着色表现

金属的光泽度由抛光的程度决定，抛光工序越多，光泽度就越高（图 2-4-2）。

金属的着色步骤如下。

① 用斯塔 Y611、斯塔 Y914 号色叠笔的方式铺设主色调。

② 用斯塔 WG03 号色点缀笔法局部增加质感。

③ 用 TOUCH95 号色摆笔法增加暗部色彩。

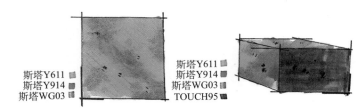

斯塔Y611
斯塔Y914
斯塔WG03

斯塔Y611
斯塔Y914
斯塔WG03
TOUCH95

图 2-4-2 金属的着色表现

 技法引领

在效果图手绘表现时，金属的表面色彩除了固有色，还有丰富的环境色需要表现。

【绘画训练 2-4-1】 金属线稿与着色练习

〔范例〕

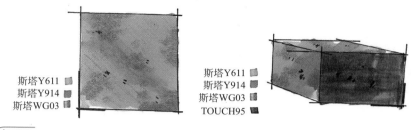

斯塔Y611
斯塔Y914
斯塔WG03

斯塔Y611
斯塔Y914
斯塔WG03
TOUCH95

〔拓画〕

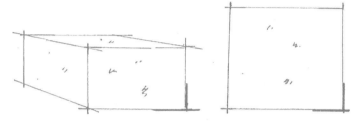

〔默画〕 准备尺寸适宜的纸张默画。

拓展练习

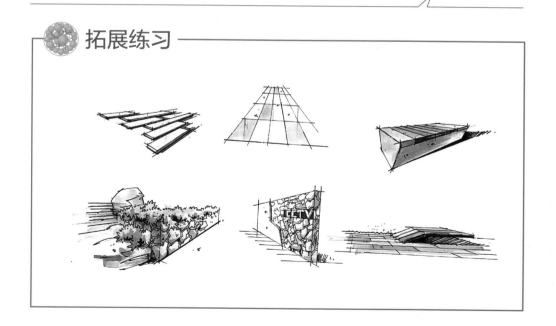

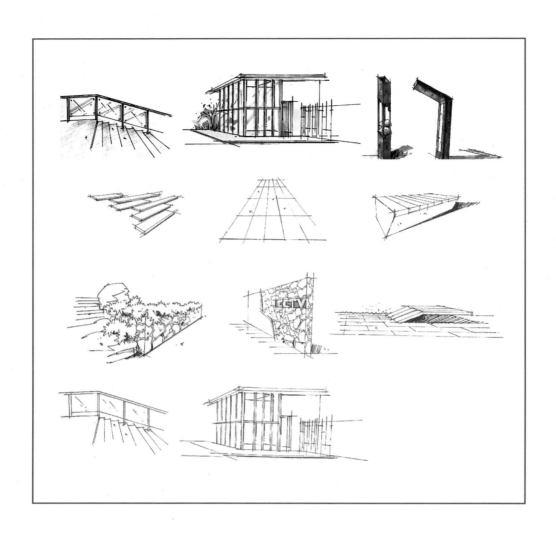

第3章

景观元素的表现技法

学习目标

① 了解常见景观元素的造型特点。

② 掌握常见景观元素的线稿表现技法。

③ 掌握常见景观元素的着色技法。

3.1 植物的表现

植物是园林景观中重要的生命体，也是园林景观设计中的关键要素，在手绘效果图表现中也占有非常大的比例。本书将针对一些常见的植物表现进行梳理。

3.1.1 植物的线稿表现

3.1.1.1 乔木

乔木在园林景观植物层次中一般作为高层运用。在学习乔木的画法表现时，要了解乔木的形态结构特性与基本分类，只有这样才能使手绘表达更加得心应手。

（1）树形

将常见的树木形状进行几何图形概括，可便于形象记忆和掌握（图3-1-1）。

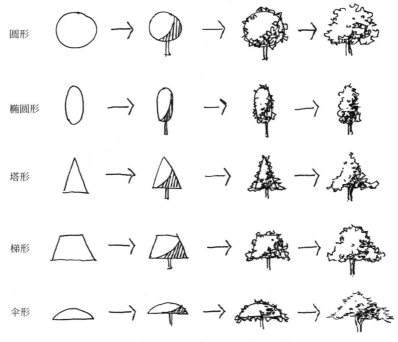

图3-1-1 常见树木形状的几何图形概括

（2）树干

① 形态特征：乔木的树干一般由主干、枝干和枝梢组成，主干上端小，下端大；枝干的分枝点往往较高，穿插关系复杂；枝梢细小（图3-1-2）。

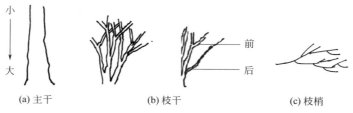

(a) 主干　　　　　(b) 枝干　　　　　(c) 枝梢

图 3-1-2　树干的形态特征

② 树干的绘画步骤如下。

a. 画出主树干，遵循整体上小下大的规律。

b. 沿着主干双线画出树枝，注意枝条的前后穿插关系。

c. 衔接树枝画出树梢，从双线逐渐过渡到单线至末梢（图 3-1-3）。

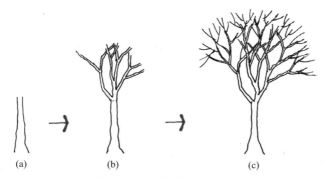

(a)　　　　　　　(b)　　　　　　　(c)

图 3-1-3　树干的绘画步骤

🎨 **技法引领**

① 树干的表现要抓住不同类型植物的特征，枝条转折穿插自然，切忌呆板。

② 画冬态时可以用完整的树干枝条表现树叶凋落后的形态；当植物有树冠时的表现，只需绘制 2/3 的树干高度，无需完整体现。

③ 枝干的分枝不宜集中在一个分枝点，且不宜在同一水平线上，应上下错落，分枝角度不宜过大（图 3-1-4）。

(a) 分枝点在同一水平线上　　(b) 分枝角度过大　　(c) 分枝在同一个节点上

图 3-1-4　枝干的错误画法

（3）树冠

乔木的树冠造型与整体的树形息息相关。手绘表达中一般追求树冠的整体感，注重轮廓表达及明暗交界处的树叶表现。本书将列举几种常见树冠线条的表现方法，加以练习，熟练运用于不同植物类型的绘画表现中（表 3-1-1）。

表 3-1-1　几种常见树冠线条的表现

线型	画法	范例	技法分析
"m"线			线条活泼松动，可将"m"进行大小不等的处理，造型更加饱满和松动，常用于阔叶类植物表现
"M""W"线			线条有张力，将"M""W"进行组合排列，可用于针叶类植物或叶形较狭长的阔叶类植物表现
"几"字形线			"几"字形线也称为凹凸线，将"几"字倒置连续表现出树冠凹凸的边缘效果。注意画面不要呆板，要高低错落有致
小叶线			以半圆、椭圆或三角形为基本形组成叶片群组，结构灵活易控制。可表现近处植物，或结合其他线型表现树冠底部零落的小叶
"1"字形线			"1"字形线条以组团排线，注意组团间的疏密错落变化，可用于表现针叶类植物或披针形的阔叶类植物

树冠的绘画步骤如下：

① 用铅笔绘制树冠的基本形状；

② 将基本形分成几个组团，确定受光面；

③ 选择树冠表达的线型，围绕轮廓表现；

④ 用勾线笔描绘，擦拭以上铅笔痕迹；

⑤ 增加树冠底部和明暗交界处的叶片，塑造体积感（图 3-1-5）。

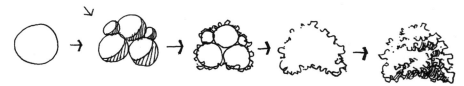

图 3-1-5　树冠的绘画步骤

技法引领

① 叶片的轮廓线条表现应起伏、错落，但要有整体感，忌零散。

② 受光面轮廓线条受阳光照射可适当断开，背光面的线条一气呵成。

③ 树冠的底部一般中间高，两边低，且要与树枝紧密连接。

（4）比例与穿插关系

① 比例关系：一般的乔木树干与树冠的比例可概括为上下左右各 1 ∶ 1 的比例，如图 3-1-6 所示。

② 穿插关系：在树干与树冠结合的基础上，可适当增加树枝的穿插关系，丰富植物的空间层次关系（图 3-1-7）。

（5）阔叶类乔木

① 形态特征：阔叶类乔木的枝叶茂盛，叶片多为椭圆形、卵圆形等较宽大的形状，表现的方法较多，可根据自己擅长的线条类型进行树冠表现。

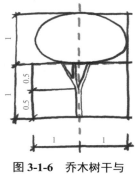

图 3-1-6　乔木树干与树冠的比例关系

图 3-1-7　乔木树干与树冠的穿插关系

② 绘画步骤：阔叶类乔木绘画步骤如下。

a. 整体定形。初学者可用铅笔打稿，熟练后可直接用勾线笔定出上下左右边界点，直至心中有数，无需定点。

　　b. 画出树干。

　　c. 从树干与树冠的衔接处开始画出树冠底部，一般中间高，两边低。

　　d. 画出完整的树冠，并对形体做出调整（图3-1-8）。

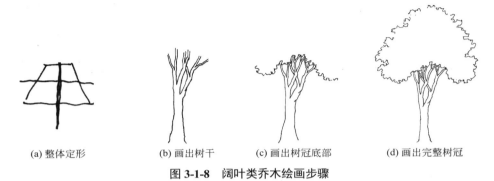

(a) 整体定形　　　　　(b) 画出树干　　　　　(c) 画出树冠底部　　　　(d) 画出完整树冠

图 3-1-8　阔叶类乔木绘画步骤

　　③ 不同线型表达的乔木：手绘表现中，乔木可选择不同的线型进行表达，呈现不一样的植物特征，以下列举常用的几种不同线型的乔木表现（图3-1-9 ～图3-1-11）。

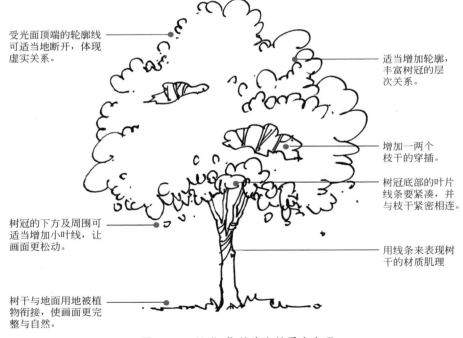

受光面顶端的轮廓线可适当地断开，体现虚实关系。

适当增加轮廓，丰富树冠的层次关系。

增加一两个枝干的穿插。

树冠底部的叶片线条要紧凑，并与枝干紧密相连。

树冠的下方及周围可适当增加小叶线，让画面更松动。

用线条来表现树干的材质肌理

树干与地面用地被植物衔接，使画面更完整与自然。

图 3-1-9　以"m"线为主的乔木表现

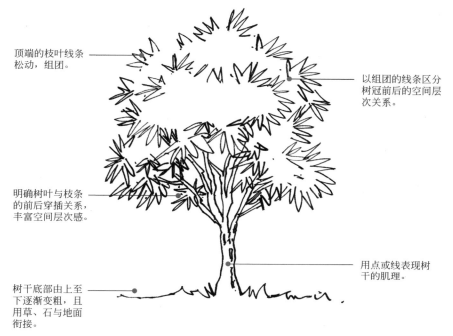

顶端的枝叶线条
松动,组团。

以组团的线条区分
树冠前后的空间层
次关系。

明确树叶与枝条
的前后穿插关系,
丰富空间层次感。

用点或线表现树
干的肌理。

树干底部由上至
下逐渐变粗,且
用草、石与地面
衔接。

图 3-1-10　以"M/W"线为主的乔木表现

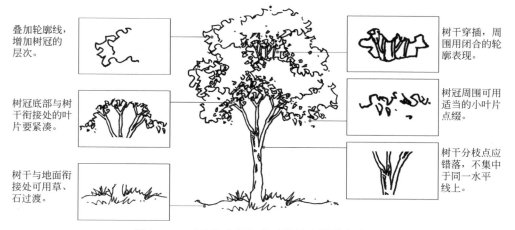

叠加轮廓线,
增加树冠的
层次。

树干穿插,周
围用闭合的轮
廓表现。

树冠底部与树
干衔接处的叶
片要紧凑。

树冠周围可用
适当的小叶片
点缀。

树干与地面衔
接处可用草、
石过渡。

树干分枝点应
错落,不集中
于同一水平
线上。

图 3-1-11　"几"字线与小叶线结合的乔木表现

（6）针叶类乔木

可仔细观察常见的雪松、水杉等针叶类乔木的叶片及树形、树冠特点。运用适合的方法进行手绘表现。针叶型乔木的手绘表现,在于表现其针叶型的叶片以及整体近似圆锥形的树形特点。

① 雪松的表现：以雪松为例，雪松的造型特点较明显，可以概括为塔形，树冠所占比例较大，甚至完全遮盖树干部分，绘画时可选择尖锐的线型表现其叶形特点。

雪松的绘画步骤如下：

a. 铅笔起稿，画出雪松的塔形轮廓；

b. 将雪松外轮廓分层；

c. 确定光照角度；

d. 用选定的线型绘制树冠轮廓，以及表现明暗关系；

e. 用针管笔描线，擦去铅笔稿，完善树干底部与地被植物的衔接关系（图 3-1-12）。

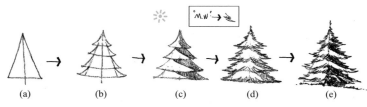

图 3-1-12　雪松的绘画步骤

② 柏树的表现：柏树的表现与雪松相似，把握好柏树的造型特点（图 3-1-13）。

图 3-1-13　柏树的表现

（7）背景乔木

背景乔木通常位于画面的最远处，只要交代轮廓即可，无需详细刻画细节与明暗关系（图 3-1-14）。

(a) 阔叶树　　　　　　　　　　(b) 针叶树

图 3-1-14　背景乔木表现

【绘画训练 3-1-1】　乔木线稿练习

范例

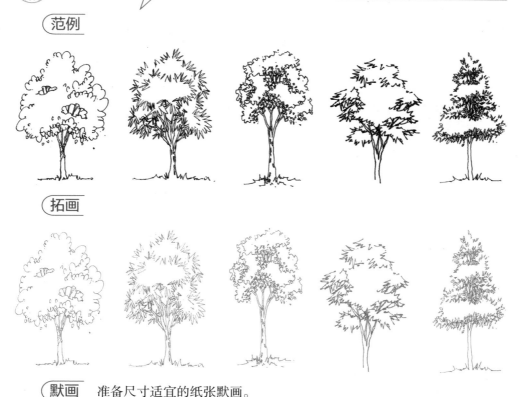

拓画

默画　准备尺寸适宜的纸张默画。

3.1.1.2　灌木

形态特征：灌木的形态矮小，无高大明显的主干，枝干分枝点较低，多修剪成特定造型。灌木在园林景观中一般作为中下层次的植物运用，起到适当填充和遮挡、点缀的作用（图 3-1-15）。

绘画步骤：可先画树干，再连接树冠底部叶片，画出整体树冠。

常见的灌木表现如图 3-1-16 所示。

3.1.1.3　地被植物

花草与地被一般运用在植物的最低层次，在园林景观中能起到过渡与突出主体的视觉效果。手绘效果图表现中可对花草与地被植物进行轮廓的概括，处于近处的可详细画出叶片形态，远处的则只需简单的轮廓绘画即可，注意虚实结合（图 3-1-17）。

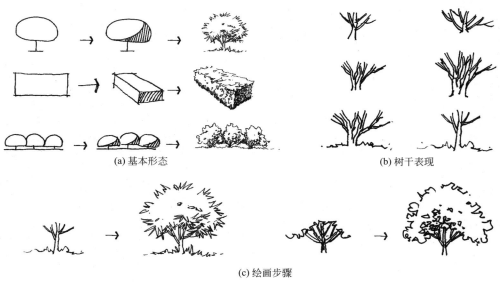

(a) 基本形态　　　　　　　　　　　　　　　　　(b) 树干表现

(c) 绘画步骤

图 3-1-15　灌木的形态与绘画步骤

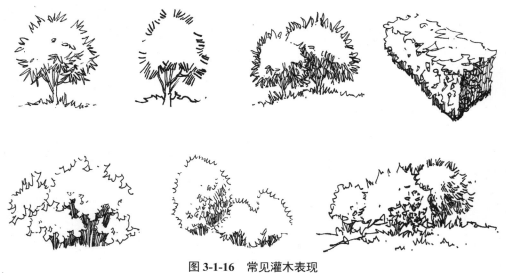

图 3-1-16　常见灌木表现

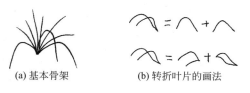

(a) 基本骨架　　　　　　　(b) 转折叶片的画法

(c) 叶片基本形态

(d) 草丛的一般表现

图 3-1-17　地被植物表现

 技法引领

表现草丛时要刻画叶片转折穿插关系，左右的形态保持基本对称。

 【绘画训练 3-1-2】 灌木与地被线稿练习

范例

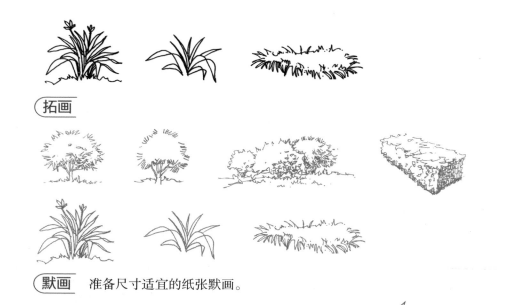

默画 准备尺寸适宜的纸张默画。

3.1.1.4　棕榈科植物

（1）形态特征

由于棕榈科植物的造型较为独特，绘画难度大，因此本书将对其单独讲解。观察棕榈科植物的主要特点：主干挺拔高大，无枝干；羽状叶片；在绘画时可以先确立整体造型和叶片的生长走向，再根据生长规律画出叶片的形态（图3-1-18、图3-1-19）。

(a)"M、W"基本叶形　(b)基本骨架

(c)不同方向伸展的叶片形态　　　　(d)椰子树的表现

图 3-1-18　"M、W"叶形画法

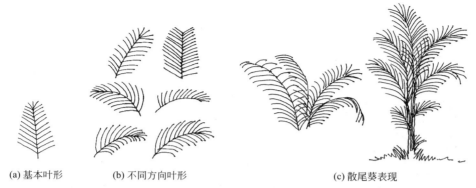

(a) 基本叶形　　　　　(b) 不同方向叶形　　　　　　　　　(c) 散尾葵表现

图 3-1-19　鱼骨叶形画法

（2）绘画步骤

① 先画植物的骨架形态；

② 从前面的叶片着手，后面的叶片穿插；

③ 整体形状调整，适当补充完整（图 3-1-20）。

图 3-1-20　常见棕榈科植物表现

范例

拓画

默画　准备尺寸适宜的纸张默画。

3.1.1.5　收边植物

收边植物是效果图画面边缘处的近景植物，尤其是当一些画面左右构图不是非常理想时，可在画面的边角适当添加收边植物，以此达到均衡的效果（图 3-1-21）。

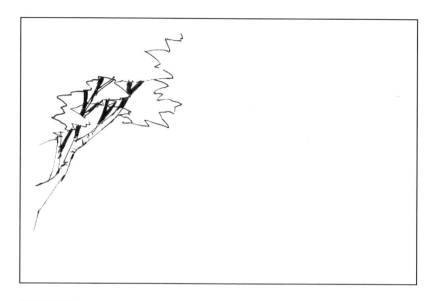

图 3-1-21　收边植物表现

3.1.2　植物的着色表现

（1）乔木植物着色表现

乔木植物的颜色丰富多彩，可以概括为常绿树和彩叶树。绘画时需要根据画面的色调和远近关系区分冷暖色调，把握"近暖远冷"的色彩关系；马克笔上色时应先浅后深（图 3-1-22 ～图 3-1-24）。

冷色调植物通常应用在画面的远处。

步骤1：用浅色斜笔触法平铺树冠和树干，用笔轻盈，顶端留白。

■ 法卡勒56
■ 法卡勒262

步骤2：用同一色号笔在明暗交界处加深暗面色彩。

■ 法卡勒56
■ 法卡勒263

步骤3：增加暗面及反光面的环境色，强调前后空间关系。

■ 法卡勒57
■ 法卡勒84
■ 法卡勒107
■ 法卡勒85

■ 法卡勒209
■ 法卡勒173
■ 法卡勒124

■ 法卡勒209
■ 法卡勒130
■ 法卡勒124

■ 法卡勒125
■ 法卡勒124

图 3-1-22　冷色调植物的表现

技法引领

① 颜色要先浅后深。

② 亮面的笔触简洁，暗面的笔触叠加，用圆点法或短笔触平涂来增加层次变化，形成明暗面的对比。

③ 前一笔与后一笔衔接时要快速跟上，笔触才能更加融合。

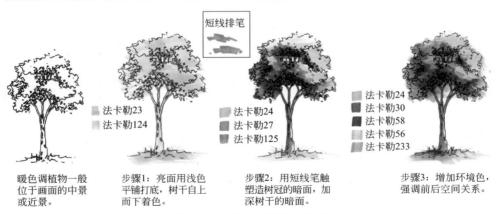

短线排笔

暖色调植物一般位于画面的中景或近景。

步骤1：亮面用浅色平铺打底，树干自上而下着色。

■ 法卡勒23
■ 法卡勒124

步骤2：用短线笔触塑造树冠的暗面，加深树干的暗面。

■ 法卡勒24
■ 法卡勒27
■ 法卡勒125

步骤3：增加环境色，强调前后空间关系。

■ 法卡勒24
■ 法卡勒30
■ 法卡勒58
■ 法卡勒56
■ 法卡勒233

图 3-1-23　暖色调植物的表现

"近暖远冷"的色彩关系不仅体现在远近不同植物的关系中，也体现在一株植物的亮面与暗面中，要遵循"亮暖暗冷"的色彩关系。

远景植物的着色注重写意表现，表现的层次和笔法可以简洁概括。

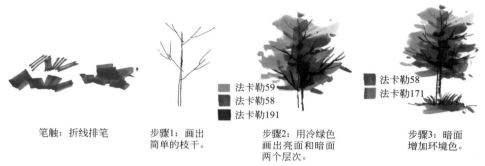

笔触：折线排笔

步骤1：画出简单的枝干。

法卡勒59
法卡勒58
法卡勒191

步骤2：用冷绿色画出亮面和暗面两个层次。

法卡勒58
法卡勒171

步骤3：暗面增加环境色。

图 3-1-24 远景植物的表现

【绘画训练 3-1-4】 乔木的着色练习

范例

法卡勒57
法卡勒84
法卡勒107
法卡勒85

法卡勒172
法卡勒173
法卡勒175
法卡勒168
法卡勒171
法卡勒248

法卡勒209
法卡勒130
法卡勒125
法卡勒39

练习

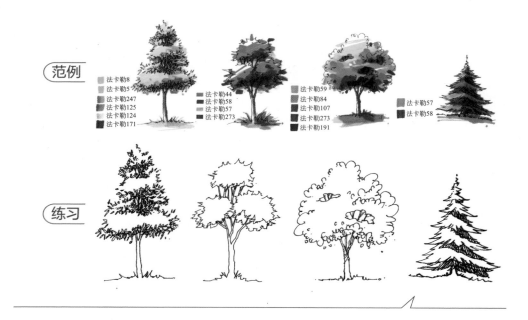

（2）灌木植物着色表现

灌木的着色方法与乔木相似。需要注意的是，在画面中低矮的灌木一般不作为视觉中心，笔触简洁概括，交代出明暗关系，无需深入刻画，以免喧宾夺主（图 3-1-25）。

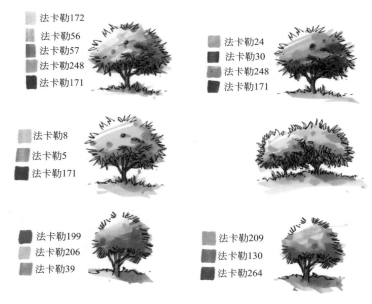

图 3-1-25

图 3-1-25　灌木植物着色表现

（3）地被植物着色表现

地被植物的着色相对简单，要点在于塑造出叶片转折的明暗面关系（图 3-1-26）。

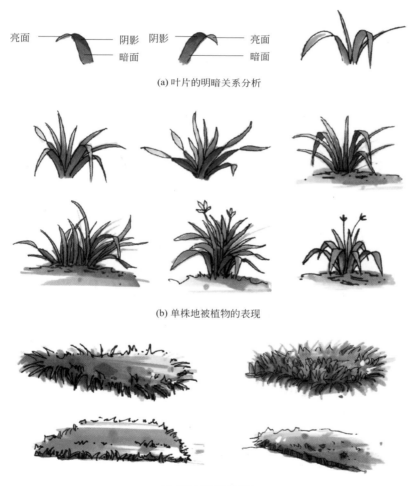

(a) 叶片的明暗关系分析

(b) 单株地被植物的表现

(c) 草丛及草坪的表现

图 3-1-26　地被植物着色表现

法卡勒172
法卡勒56
法卡勒57
法卡勒248
法卡勒171

法卡勒24
法卡勒30
法卡勒248
法卡勒171

法卡勒8
法卡勒5
法卡勒171

范例

练习

范例

练习

（4）棕榈科植物着色表现

棕榈科植物叶形独特，表现技法上有别于其他植物，要根据植物叶片的形态和生长方向运笔（图 3-1-27 ～图 3-1-29）。

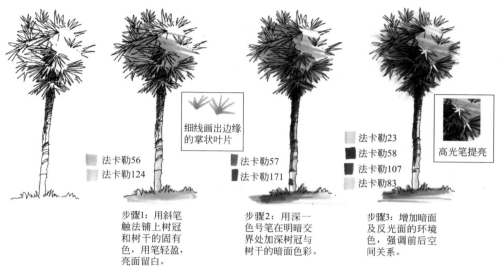

细线画出边缘的掌状叶片

法卡勒56
法卡勒124

法卡勒57
法卡勒171

法卡勒23
法卡勒58
法卡勒107
法卡勒83

高光笔提亮

步骤1：用斜笔触法铺上树冠和树干的固有色，用笔轻盈，亮面留白。

步骤2：用深一色号笔在明暗交界处加深树冠与树干的暗面色彩。

步骤3：增加暗面及反光面的环境色，强调前后空间关系。

图 3-1-27　棕榈树着色表现

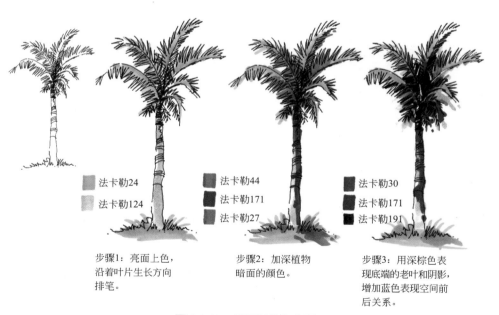

法卡勒24
法卡勒124

法卡勒44
法卡勒171
法卡勒27

法卡勒30
法卡勒171
法卡勒191

步骤1：亮面上色，沿着叶片生长方向排笔。

步骤2：加深植物暗面的颜色。

步骤3：用深棕色表现底端的老叶和阴影，增加蓝色表现空间前后关系。

图 3-1-28　椰子树着色表现

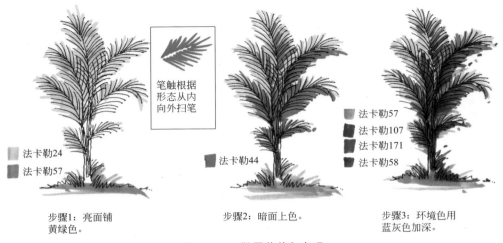

笔触根据
形态从内
向外扫笔

法卡勒24
法卡勒57

步骤1：亮面铺
黄绿色。

法卡勒44

步骤2：暗面上色。

法卡勒57
法卡勒107
法卡勒171
法卡勒58

步骤3：环境色用
蓝灰色加深。

图 3-1-29　散尾葵着色表现

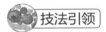 技法引领

① 笔触要根据结构线方向运笔。

② 用细笔头表现枝叶形态。

③ 亮面使用浅黄绿色系，可以表现阳光照射的光影效果。

【绘画训练 3-1-6】　棕榈科植物的着色表现

范例

法卡勒23
法卡勒58
法卡勒107
法卡勒83

法卡勒44
法卡勒58
法卡勒57
法卡勒107
法卡勒171

法卡勒24
法卡勒30

3.2　景石的表现技法

　　景石在园林景观中是最常见的景观元素，可单独作为景观石，也可与植物组合搭配造景，或与水体组合形成跌水景观。画面中一般将景石作为前景，因此在表现时要相对深入地刻画。

3.2.1　景石的线稿表现

　　景石的形态多样，表现的重点是抓住石头的轮廓特点。初学者可先将其概括成几何形体进行表达，先用铅笔画出正方体或长方体的透视，再增加轮廓细节的变化。

（1）单体景石表现

　　单体景石的绘画步骤如图 3-2-1 所示。

步骤1：用几何体概括出石头的造型。　　　步骤2：用折线修饰边缘轮廓。　　　步骤3：区分明暗面。

(a) 方石

图 3-2-1

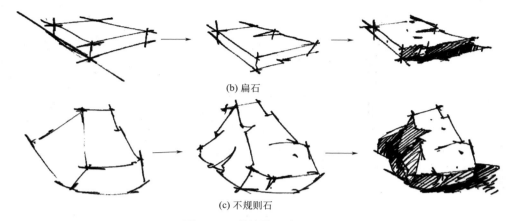

(b) 扁石

(c) 不规则石

图 3-2-1　单体景石绘画步骤

技法引领

① 在完整的几何形体轮廓基础上进行切割，让轮廓显得自然。

② 要表现出石头表面的纹理细节，可用点、折线等方式表现凹凸不平的特点。

③ 线条以折线表达为主，体现石材坚硬的质感。

④ 暗面的阴影排线以几组不同角度的线段组合，不要过于凌乱。

（2）组合景石表现

组合景石绘画步骤如图 3-2-2 所示。

步骤1：画出组合景石的造型。　　　　　　　步骤2：画出明暗关系。

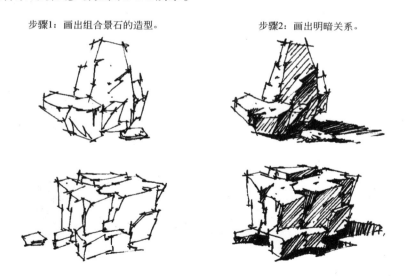

图 3-2-2　组合景石绘画步骤

　　① 组合的景石要有大小与形状特征的区分。

　　② 注重前后的空间透视和叠加关系。

（3）景石与植物的组合表现

　　景石作为底层的景观元素，一般与灌木、草坪组合搭配，表现时可以采用以景石为主，植物为从的主从关系。植物穿插在景石的缝隙及周边（图3-2-3）。

远景弱化
处理。

边缘景观
弱化处理。

前景中间部分
需要刻画细节。

图 3-2-3　景石与植物的组合表现

　　① 与植物组合的景石在形体上要有识别性，以折线表现石头的力度感。

② 画面以景石为中心，先定好景石的形体，在其缝隙及周边适当增加灌木。

③ 一般按照景石在前、植物在后的空间顺序，着重刻画前面的景石与植物的细节，远处的植物要弱化，概括轮廓即可。

【绘画训练3-2-1】 景石及其与植物组合的线稿练习

范例

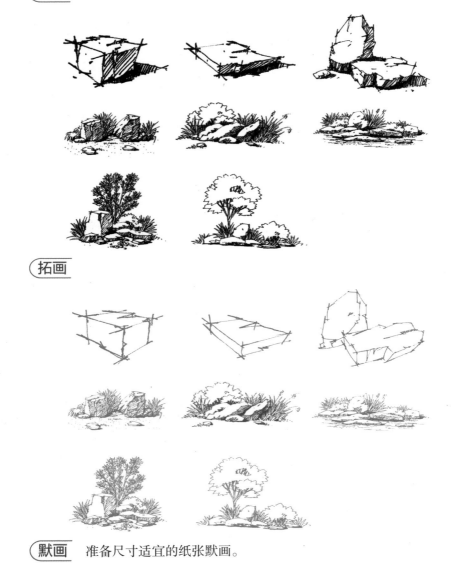

拓画

默画 准备尺寸适宜的纸张默画。

3.2.2 景石的着色表现

景石的配色根据不同石材的色系选择，常见的有冷灰色、暖灰色和黄褐色。

（1）单体景石着色

单体景石着色的绘画步骤如图 3-2-4 所示。

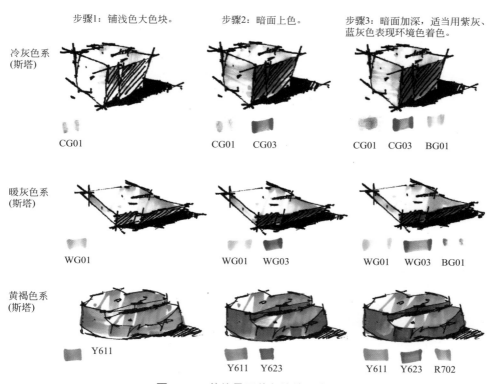

图 **3-2-4** 单体景石着色的绘画步骤

技法引领

① 排笔方向可根据石头每个切面的方向进行。

② 亮面适当留白，重点表现石头褶皱纹理处的暗部色彩关系。

（2）景石与植物组合的着色

景石与植物组合时的色彩要考虑物体相互的环境色影响，着色时要考虑统一的色调（图 3-2-5）。

边缘植物的着色只需要区分出明暗面。

景石后面的植物要有透气感，暗面不要"闷"。

暖灰色的景石与黄色的植物搭配，使整体色调统一。

图 3-2-5　景石与植物组合的着色

技法引领

①如何避免暗面画"闷"？首先不要用重色反复涂，其次要增加蓝灰色系表现反光色，增加暗面的透气感。

②如何让画面有聚焦感？画面选择中间的景石与植物为主体，刻画纹理细节，远景及边缘的色彩层次减少。

③如何让画面的色彩协调？在物体上增加相邻物体环境色映衬，使色调统一。

【绘画训练 3-2-2】 景石及其与植物组合的着色练习

范例　　　　　　　　　　　着色

（斯塔）

G902
Y611
Y623

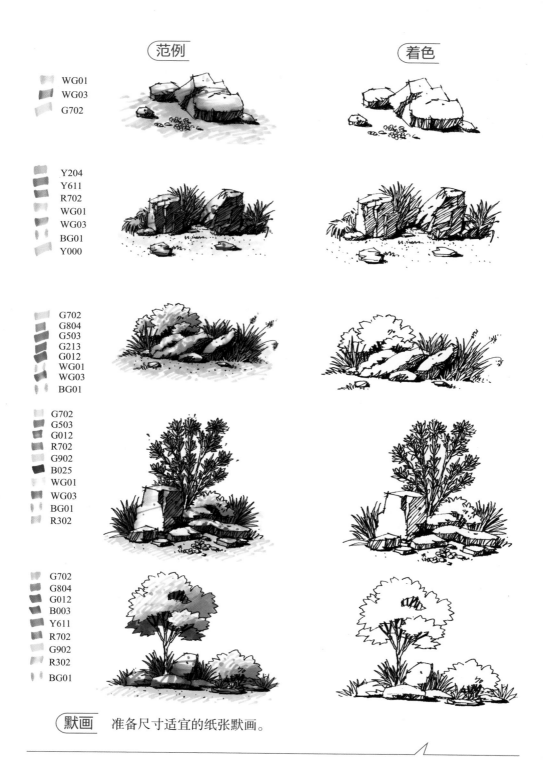

WG01
WG03
G702

Y204
Y611
R702
WG01
WG03
BG01
Y000

G702
G804
G503
G213
G012
WG01
WG03
BG01

G702
G503
G012
R702
G902
B025
WG01
WG03
BG01
R302

G702
G804
G012
B003
Y611
R702
G902
R302
BG01

默画　准备尺寸适宜的纸张默画。

3.3　水体的表现技法

水体是园林景观中的点睛之笔，可以反射出水边的景观，能丰富空间的层次，吸引人们的注意力，使空间变得灵动而有生气。

3.3.1　水体的线稿表现

园林景观中的水体可分为动态水体和静态水体。跌水、喷泉等动态水体要表现出水的流动速度与溅起的水花；水池、湖面等静态水体要表现出倒影与波纹（图3-3-1～图3-3-3）。

图 3-3-1　静态水体表现（波纹）

📷 技法引领

① 表现水波纹时要注意水面的透视关系（平面流淌的水）。
② 用抖动的线条表现水纹，要有长短、疏密的变化。

图 3-3-2　动态水体表现（跌水、喷泉）

📷 技法引领

表现跌水时可用扫笔的方式体现水流的速度感。

步骤1：用铅笔画出石头与水的几何透视体块。　　　步骤2：细化石头与水体细节，增加植物。

图 3-3-3　水体与景石、植物的组合表现

 技法引领

组合绘画时要注意表现景石、植物在水中的倒影。

3.3.2　水体的着色表现

水体本身是透明无色的，着色表现时往往是表现天空的映照或是水边物体倒影的色彩关系。

（1）单体水景着色

跌水的着色表现如图 3-3-4 所示。

| 法卡勒 B234 | 法卡勒 BG96 | 法卡勒 B234 | 法卡勒 BG96 | 法卡勒 CG271 | 法卡勒 B234 | 法卡勒 BG96 | 法卡勒 CG270 | 法卡勒 B234 | 法卡勒 BG96 | 法卡勒 CG270 | 法卡勒 CG271 |

步骤1：用浅蓝色系画出水体大关系，亮部留白。

步骤2：用深一号色增加水体暗面，高光笔局部提亮。

步骤1：用浅色画出水体与水槽的色彩大关系，亮部留白。

步骤2：用深一号色加深暗部。

图 3-3-4　跌水着色表现

① 笔法：用扫笔表现水流动的速度与力度。

② 颜色：用蓝色系 + 灰色系表现暗面。

喷泉的着色表现如图 3-3-5 所示。

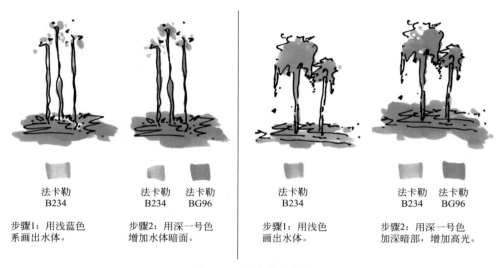

法卡勒
B234

法卡勒　　法卡勒
B234　　 BG96

法卡勒
B234

法卡勒　　法卡勒
B234　　 BG96

步骤1：用浅蓝色
系画出水体。

步骤2：用深一号色
增加水体暗面。

步骤1：用浅色
画出水体。

步骤2：用深一号色
加深暗部，增加高光。

图 3-3-5　喷泉着色表现

① 笔法：通过平铺及点的运用，表现喷泉水花飞溅的画面。

② 用高光笔适当表现水的高光。

（2）组合水景着色

水、石头与植物组合的着色表现，如图 3-3-6 和图 3-3-7 所示。

 法卡勒B234

步骤1：用浅蓝色平铺水体，
跌水处用扫笔方式沿着水流
的方向扫笔，预留高光空白
部分。

法卡勒B234

法卡勒BG96

法卡勒YG262

法卡勒YG24

步骤2：用浅灰色平铺景石；用浅绿色画出植物颜色；用蓝色深一号色加深水体的暗面及投影。

法卡勒BG84

法卡勒G59

法卡勒B234

法卡勒BG96

法卡勒YG262

法卡勒YG263

法卡勒YG24

法卡勒YG264

步骤3：分别用同色系的深色加深每个物体的暗部，并且适当增加互相的环境影响颜色。

图 3-3-6　水、石头与植物组合的着色表现（一）

法卡勒B234

步骤1：用浅蓝色平铺水体，跌水处用扫笔方式沿着水流的方向扫笔，预留高光空白部分。

法卡勒B234

法卡勒BG96

法卡勒YR220

法卡勒YG24

步骤2：用浅灰色平铺景石；用浅绿色画出植物颜色；用蓝色深一号色加深水体的暗面及投影。

法卡勒BG84

法卡勒B234

法卡勒BG96

法卡勒YR220

法卡勒E247

法卡勒YG24

法卡勒G59

法卡勒V206

法卡勒E171

步骤3：分别用同色系的深色加深每个物体的暗部，并且适当增加环境色。

图 3-3-7　水、石头与植物组合的着色表现（二）

① 笔法：平铺、扫笔。

② 水面的倒影关系可以增加所投射物体的颜色表现效果。

③ 组合体间适当点缀相邻物体的颜色，可以使画面的色彩关系更加协调。

【绘画训练 3-3-1】 水体及组合的着色表现

范例

法卡勒BG84
法卡勒G59
法卡勒B234
法卡勒BG96
法卡勒YG262
法卡勒YG263
法卡勒YG24
法卡勒YG264

法卡勒　法卡勒　法卡勒　法卡勒
B234　BG96　CG270　CG271

法卡勒　法卡勒
B234　BG96

法卡勒BG84
法卡勒B234
法卡勒BG96
法卡勒YR220
法卡勒E247
法卡勒YG24
法卡勒G59
法卡勒V206
法卡勒E171

着色

范例

斯塔B203
斯塔R302
斯塔G702
斯塔R702
斯塔G012
斯塔CG01
斯塔CG03
斯塔BG01

斯塔CG01
斯塔CG03
斯塔BG01
斯塔G702
斯塔G503
斯塔B003

法卡勒BG84
法卡勒G59
法卡勒B234
法卡勒BG96
法卡勒YG262
法卡勒YG263
法卡勒YG24
法卡勒YG264

着色

3.4　人物的表现技法

人物在效果图表现中可以增加画面的活力，并且起到衡量空间大小的作用。在绘画时要注意近大远小的透视关系。

3.4.1　人物的比例

人物上半身与下半身的比例关系可以概括为 1 ：1 的比例，在其之上再增加头部（图 3-4-1）。

图 3-4-1　人物的比例

3.4.2　常见的场景人物线稿表现

人物的表现可按照近景、中景、远景来分类。近景的人物可以刻画一些衣服的细节，中景的人物以轮廓刻画为主，远景的人物比中景的人物更简洁概括（图 3-4-2 ～图 3-4-4）。

图 3-4-2　远景人物的表现

技法引领

① 远景人物不用过于交代人物的细节，画出轮廓即可。
② 表达走路的动态感时，可以将人物的两只脚不同时着地，双脚向内收。

图3-4-3　中景人物的表现

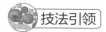 技法引领

中景的人物刻画要在远景人物基础上详细些，强调动态感。

图3-4-4　近景人物的表现

技法引领

① 近景的人物要在服装特点等细节上更加详细。

② 人物比例要更加准确。

3.4.3　常见的场景人物着色表现

人物着色的选色不应过于鲜亮抢眼，而是要与整体色调协调，融于画面中，可以使用饱和度较低的色系简单表现（图3-4-5）。

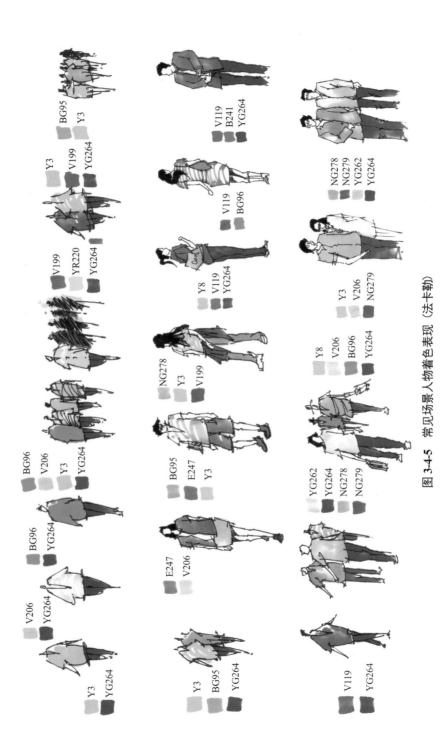

图 3-4-5 常见场景人物着色表现（法卡勒）

【绘画训练 3-4-1】 人物的表现练习

拓画与着色

第 4 章

景观效果图的透视画法

学习目标

① 了解透视原理和常见的透视类型。

② 学会一点透视、两点透视及鸟瞰透视的绘画技法。

③ 能运用一点透视、两点透视及鸟瞰透视原理表现相应的透视效果图线稿。

4.1 透视

透视可比作一幅效果图的骨格，是决定手绘效果图优劣的关键因素。因此，学习手绘表现就要掌握正确的透视画法，这样才能更直观和准确地表达出设计师的创作意图和想法。

在传统的透视学科中，有非常庞大和复杂的透视原理，往往让初学者陷入学习困境。本书将化繁为简，让读者能轻松掌握常规手绘效果图中的透视画法。

4.1.1 透视原理

透视（perspective）一词意指"透而视之"。假设在观察者与景物之间有一块竖立的透明玻璃，景物的形状呈现在这块透明玻璃板上，使三维的景物形状落在了二维的平面上。

透视现象在生活中无处不在，是指随着我们的眼睛观察物体的距离和位置不同，产生不同的视觉效果。比如在图 4-1-1 中，河道边的一排乔木由近及远看上去渐渐变小的现象。

常见的透视画法有三种：一点透视、两点透视、三点透视。

图 4-1-1　河道边的乔木由近及远看上去渐渐变小

4.1.2 透视的三大规律

透视的三大规律为近大（宽）远小（窄）、近高远低、近实远虚（图 4-1-2、图 4-1-3）。

图 4-1-2　透视现象

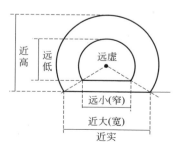

图 4-1-3　近大远小、近高远低、近实远虚

4.1.3 常用的透视术语

在学习透视画法之前，要对常用的透视术语有一定的了解。请仔细阅读下列术语解释，并对照图4-1-4所示的作图框架。

① 画面（PP）：指观察者眼睛与观察对象（既人与物）之间的假想平面，将所看到的物体呈现在这块画面上。

② 视点（EP）：指观察者眼睛所在的位置。

③ 视平线（HL）：指视点对应到假想画面的水平线。

④ 消失点（VP）：在视平线上，所有不平行于画面的线条最终相交于一个点，这个点称为消失点，又称为灭点。

⑤ 基线（GL）：指画面与地面的相交线，位于视平线以下1.2～1.5m的位置，与视平线平行。

⑥ 视高（EL）：视点到地面的垂直距离，在画面中即为视平线到基线的垂直距离。

⑦ 心点（CV）：视点垂直于画面的点，又称"主点"。

⑧ 测点（M）：指位于视平线上，用于确定空间进深的辅助点，一般定为超出实际进深长度1～2个单位的位置（图4-2-8）。

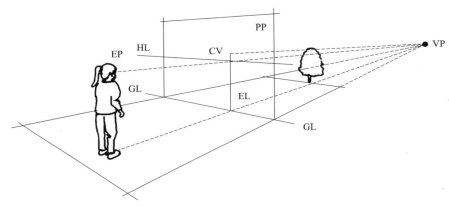

图 4-1-4　透视作图框架

4.2　一点透视

一点透视是指画面中只有一个消失点的透视类型。由于被观察物体的正面（与视点相对的面）与假想画面平行，因此又称为平行透视。一点透视表达出的画面内容较全面，画面呈现出规整和稳重之感（图4-2-1）。

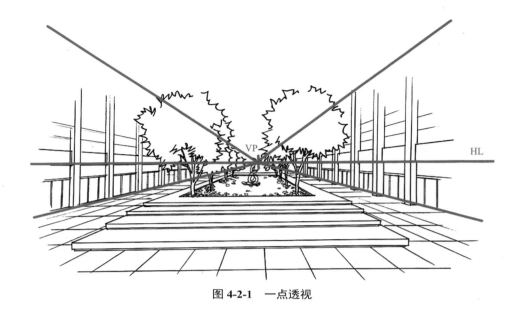

图 4-2-1 一点透视

4.2.1 一点透视的特点

一点透视的特点是：横平、竖直、一个消失点。

① 横平——横向线条平行于视平线。

② 竖直——纵向线条垂直于视平线。

③ 一个消失点——斜向线条均消失于一个消失点，消失点位于画面内部（图 4-2-2、图 4-2-3）。

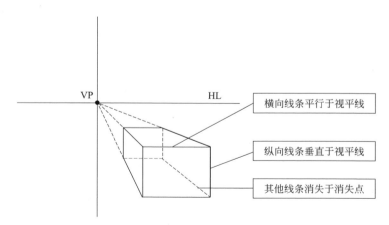

图 4-2-2 一点透视体块图

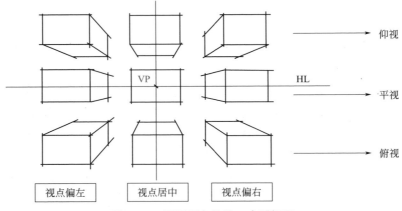

图 4-2-3　不同视角体块一点透视图

4.2.2　一点透视常见错误画法

一点透视常见错误画法是：一幅画面中不同的物体消失于不同的消失点（图 4-2-4）。

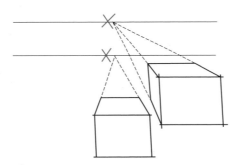

图 4-2-4　一点透视常见错误画法

4.2.3　视点、视平线位置关系

不同的视点与视平线位置所呈现的画面效果也不一样（图 4-2-5）。

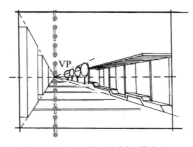

(a) 视点居左，以表现右侧场景为主

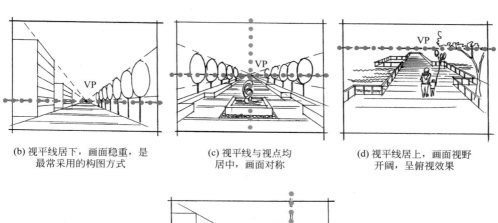

(b) 视平线居下，画面稳重，是
最常采用的构图方式

(c) 视平线与视点均
居中，画面对称

(d) 视平线居上，画面视野
开阔，呈俯视效果

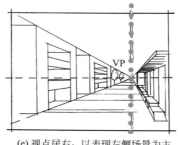

(e) 视点居右，以表现左侧场景为主

图 4-2-5 不同视点、视平线位置所呈现的画面效果

【绘画训练 4-2-1】 一点透视的体块练习

拓画

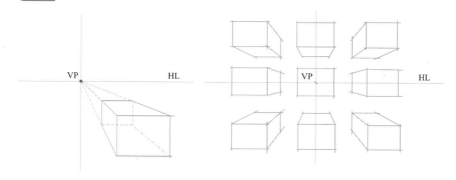

默画 准备尺寸适宜的纸张默画。

4.2.4　一点透视的绘画实例

某居住区景观（图4-2-6）的画面为一点透视构图，前景为植物，中景为圆形的拱门桥，远景为建筑与植物群落，呈现出平稳的画面感。

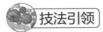

在绘图前先观察场景，勾勒出大致的平面示意图将有助于初学者对空间尺度的把握（图4-2-7）。

一点透视的绘画步骤如下。

①步骤一：观察场景。用铅笔起稿，拟定场地大小，以1m为单位将地面主要道路大致划分为5m宽、8m长的空间（图4-2-8）。

图4-2-6　某居住区景观一点透视图

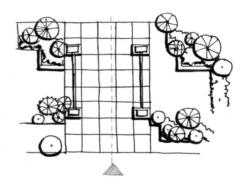

图4-2-7　某居住区景观平面示意图

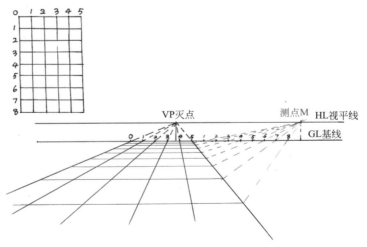

图4-2-8　观察场景、一点透视

在园林景观效果图表现中，可以适当压低视平线于画面靠下 1/3 处，以表现出较大的空间场景感和平缓的透视感。

② 步骤二：一点透视。在画面的 1/3 处绘制视平线，向下 1.5 个单位绘制基线，将视点对应到视平线上确定消失点的位置。通过消失点（VP）和辅助测点（M）画出道路的宽度和进深。道路以基线为最远边界，地面上所有物体的落脚点均不超过基线（图 4-2-8）。

③ 步骤三：定位置。在地面上确定主要构筑物的具体位置，此时地面上的网格就可成为"找位置"的最好帮手，可用铅笔在相应位置标注，如下图中绿色标注部分（图 4-2-9）。

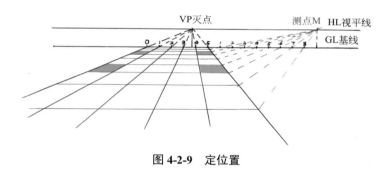

图 4-2-9　定位置

④ 步骤四：绘制主体构筑物。根据所定位置连接消失点，画出构筑物的高度与进深（图 4-2-10）。

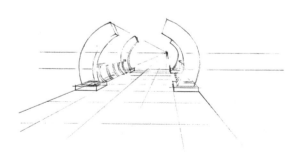

图 4-2-10　绘制主体构筑物

⑤ 步骤五：绘制配景。根据透视规律依次画出前景、中景与远景中相应植物、人物、楼房的轮廓，使画面完整、协调。完成后整体观察画面，适当调整相应配景的空间层次关系，使画面呈现最佳的效果（图 4-2-11、图 4-2-12）。

图 4-2-11 绘制前景与中景

图 4-2-12 增加远景，局部调整

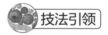 技法引领

　　前景的植物刻画要细致，远处的植物可粗略地用轮廓表示，以表现出近实远虚的空间透视效果。

　　⑥ 步骤六：线稿勾勒。完成铅笔稿后，用勾线笔按照由近及远的次序对画面内容进行勾勒，注意前后物体的遮挡关系，并擦除铅笔稿（图 4-2-13）。

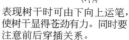

收边植物可以让画面更饱满，绘画时只需表现部分植物轮廓即可，不要过实。

表现树干时可由下向上运笔，使树干显得苍劲有力。同时要注意前后穿插关系。

石材部分的线条可以用尺子辅助绘制，体现材质的硬度。

植物的前后遮挡关系要明确。

图 4-2-13　线稿勾勒

⑦ 步骤七：细节刻画与阴影表现。根据场景的光影关系对景物添加暗部及投影，且要根据主次关系对主要景物进行深入刻画，明确空间的明暗和层次关系，线稿至此完成（图 4-2-14）。

近处景石的暗部排线画法

栏杆扶手的暗部及投影要虚实结合

栏杆与构筑物在地面的投影，用笔的侧峰排线

石材暗部排线及脚线的压笔要刚劲有力，用快线排笔

图 4-2-14　细节刻画与阴影表现

 技法引领

添加投影前先思考光照角度，注意画面中的投影方向要一致。

拓画

也可下载电子文件放大打印后拓画。

默画 准备尺寸适宜的纸张默画。

【绘画训练 4-2-3】 一点透视线稿练习（二）

案例分析

① 先观察场景，思考如何构图更合理。如台阶两端未在画框中，可将观察点向后退，呈现出完整的物体形象（图 4-2-15）。

② 可通过画草图小稿的方式，做到心中有数、下笔有神。

③ 练习的重点在于主体物一点透视的画法。

图 4-2-15 实景照片

步骤解析

① 铅笔起稿，画出一点透视主体物。

②墨线勾勒线稿，完善配景。

③刻画细节，添加阴影关系。

拓画

也可下载电子文件放大打印后拓画。

默画　准备尺寸适宜的纸张默画。

4.3　两点透视

两点透视是指横向线分别倾斜并相交于两个消失点的透视类型，由于被观察物体与假想平面成一定的角度，因此又称为成角透视。

两点透视表达的画面较局部，但画面效果比一点透视更灵活，适合表达局部和复杂的空间场景（图 4-3-1）。

图 4-3-1　两点透视

4.3.1 · 两点透视的特点

两点透视的特点是：横斜、竖直、两个消失点。

① 横斜——横向线条均倾斜于视平线，并分别相交于各自的消失点。

② 竖直——竖向线条垂直于视平线。

③ 两个消失点：同一方向倾斜的线条消失于各自的消失点，两个消失点（VP1、VP2）分布于画面的左右两侧（图 4-3-2、图 4-3-3）。

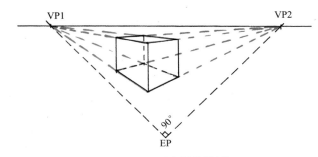

图 4-3-2　两点透体块图

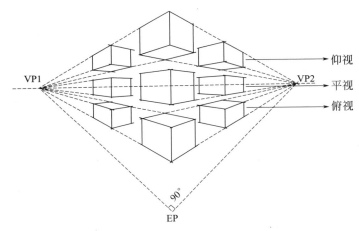

图 4-3-3　不同视角两点透视体块图

 **技法引领**

如何确定好两个消失点的位置和距离？

① 为确保作画范围，尽可能把消失点定在画面的两端。

② 可以使用直角三角尺的直角作为观察者的视点 EP，两条直角边与视平线的两个交点定为消失点 VP1、VP2。

③ 作画范围控制在上述直角范围以内为宜。

4.3.2 两点透视常见错误画法

错误画法 1：物体倾斜方向的线没有消失在对应的消失点上（图 4-3-4）。

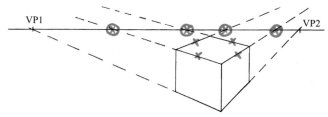

图 4-3-4　错误画法 1

错误画法 2：物体位置超出 90° 的正常范围，容易产生透视变形的现象（图 4-3-5）。

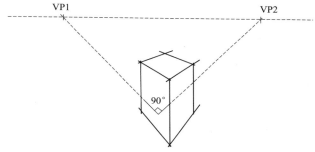

图 4-3-5　错误画法 2

【绘画训练 4-3-1】 两点透视体块练习

拓画

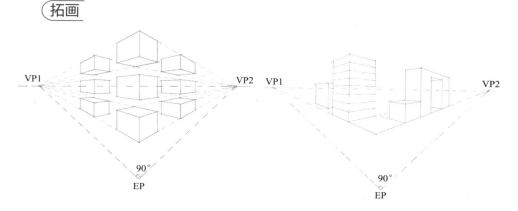

默画　准备尺寸适宜的纸张默画。

4.3.3 两点透视的绘画实例

4.3.3.1 居住区景观两点透视

（1）案例分析

该案例为居住区景观空间，采用两点透视构图，中景为景观墙与植物的组合，远景为建筑、植物（图4-3-6）。重点刻画中景。

图 4-3-6　实景照片

（2）绘画步骤

① 步骤一：用铅笔起稿，根据两点透视原理画出视平线 HL 与消失点（灭点）VP1、VP2（图4-3-7）。

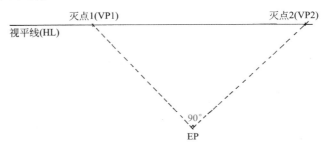

图 4-3-7　画出视平线与消失点

 技法引领

　　两点透视中的消失点位置若距离过近则会产生透视变形。在表现较大场景时，消失点甚至会在画纸以外的位置。这里需要学习者通过不断尝试练习总结规律，弹性地确定两个消失点的位置关系。

② 步骤二：画主体构筑物。在作画范围内确定主体构筑物的位置，建立几何形体（图4-3-8）。

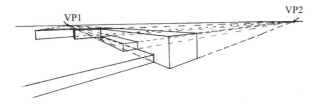

图 4-3-8　确定主体构筑物的位置

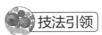 技法引领

　　对于较复杂的景观透视，可以先将主体物概括为几何体的透视，减少绘制的难度，然后再逐一进行细化。

③ 步骤三：添加配景。按照由近及远的顺序为画面添加植物、人物及建筑等配景。（图4-3-9、图4-3-10）

图 4-3-9　添加前景植物

图 4-3-10　添加远景植物、人物、建筑及天空的飞鸟

④ 步骤四：勾勒线稿及刻画细节。观察调整画面元素，用勾线笔勾勒线稿后擦除铅笔稿，对主体物进行细节刻画；明确光照角度，添加阴影关系，完成线稿（图4-3-11）。

植物的地面投影用快线的排法，
表达透气感，切记不要画得太实

阶梯投影处用笔的
侧峰快速排线

景墙与座凳的阴影关系
用清晰的线条区分明
暗面，阴影用渐变
的排线画法

图 4-3-11　勾勒线稿及刻画细节

【绘画训练 4-3-2】　两点透视线稿练习（一）

拓画

也可下载电子文件放大打印后拓画。

默画　准备尺寸适宜的纸张默画。

4.3.3.2 商业绿地空间两点透视

该商业绿地空间两点透视绘画步骤如下。

① 步骤 1：观察场景，确定透视类型，该案例的透视关系不是很明确，需要仔细分析，并适当调整构图（图 4-3-12）。

图 4-3-12　场景、实拍

② 步骤 2：两点透视绘制铅笔稿（图 4-3-13）。

图 4-3-13　铅笔稿

③ 步骤 3：用墨线勾勒近景，需要仔细刻画植物的细节及前后的遮挡关系（图 4-3-14）。

VP

图 4-3-14　墨线勾勒近景

④步骤4：勾勒中景及远景，观察画面是否完整（图4-3-15）。

图 4-3-15　勾勒中景及远景

⑤ 步骤 5：在右侧添加收边植物，让画面左右更加均衡（图 4-3-16）。

图 4-3-16　添加收边植物

⑥ 步骤 6：添加暗部及投影（图 4-3-17）。

图 4-3-17　添加暗部及投影

绘画该图过程中需要注意的细节如图 4-3-18 所示。

增加右侧上、下两处三角形构图收边植物，呈现出稳定又不失灵气的画面。

地被植物的刻画要注意与地面沿口的遮挡关系。

地面铺砖线在本案例中具有强烈透视效果，线条应刚劲有力，可用尺子辅助表现。

植物的细部刻画，要抓住不同叶形的特点，注意前后穿插关系。

地面上的投影排线注意虚实结合。

图 4-3-18　细节处理

【绘画训练 4-3-3】　两点透视线稿练习（二）

拓画

也可下载电子文件放大打印后拓画。

默画　准备尺寸适宜的纸张默画。

【绘画训练 4-3-4】 两点透视线稿练习（三）

案例分析

① 该图与一点透视线稿练习的案例为同一场所的不同角度。本次呈现的是两点透视的视角，主体物仍然是阶梯树阵景观（图 4-3-19）。

② 练习的重点为主体物两点透视的画法。

图 4-3-19　实景照片

观察场景，铅笔起稿，画出　→　墨线勾勒线稿，完善配景。　→　刻画细节，添加阴影关系。
两点透视的主体物。

拓画

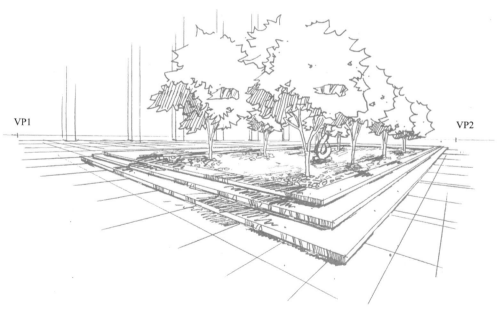

也可下载电子文件放大打印后拓画。

默画　准备尺寸适宜的纸张默画。

4.4 鸟瞰透视

鸟瞰透视又称为俯视透视，是指人的视点高过物体顶端时，从上往下观看所产生的透视效果，简称为鸟瞰图或俯视图。其表现的场景全面，是设计表现中常用的一种透视画法，但难度较大。

4.4.1 鸟瞰透视基本知识

鸟瞰透视可以分为一点透视鸟瞰和两点透视鸟瞰。可理解为视点在高处的情况下所产生的一点透视和两点透视，画法相同于俯视状态的一点透视和两点透视。

（1）一点透视鸟瞰

一点透视鸟瞰图呈现的场景视野开阔，画面稳定均衡（图 4-4-1）。

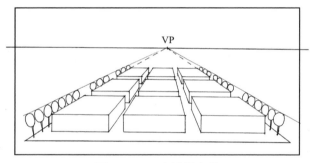

图 4-4-1 一点透视鸟瞰

 技法引领

鸟瞰透视中，为减少物体之间的遮挡关系，尽量呈现出全景，要将视平线位置定高，一般可将视平线定在纸张上端约 1/4 高度处。

（2）两点透视鸟瞰

两点透视鸟瞰图的侧重点在于表现前端夹角处的景物。构图时可将重要节点放置在前端（图 4-4-2）。

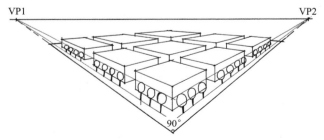

图 4-4-2 两点透视鸟瞰

 技法引领

靠近前端的场地夹角尽量大于或等于 90°，以避免产生透视变形。

4.4.2 鸟瞰透视图的绘画实例

4.4.2.1 一点透视鸟瞰图绘画实例

一点透视鸟瞰图的绘画步骤如下。

① 步骤一：一点透视场地定位。根据一点透视俯视构图的画法，画出场地的轮廓，并对主要道路和景观构筑物进行定位（图4-4-3）。

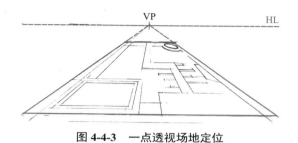

图4-4-3　一点透视场地定位

② 步骤二：确定构筑物高度。遵循"横平竖直"的一点透视特征，对主要景观构筑物进行一点透视的高度绘制，并细化铺装（图4-4-4）。

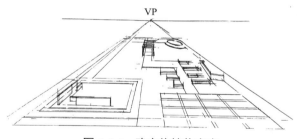

图4-4-4　确定构筑物高度

③ 步骤三：添加植物。先用圆形或椭圆形概括地画出场景中的植物轮廓，待确定后再根据植物类型进行描绘（图4-4-5）。

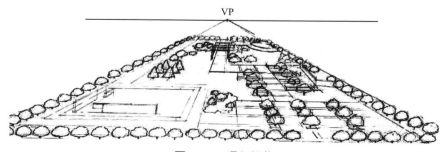

图4-4-5　添加植物

④ 步骤四：勾勒线稿。对前景内容进行细部刻画（图4-4-6）。

鸟瞰透视图中的植物总体上根据平面图的植物进行配置，但也可以根据画面需求，对局部进行适当处理和调整。

鸟瞰图的重点刻画部分在于前景，这点不同于效果图中的重点部分为中景的特点。

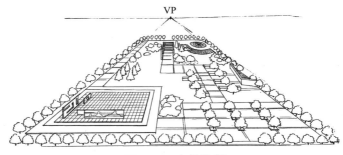

图4-4-6　勾勒线稿

⑤ 步骤五：细部刻画，添加投影。对前景内容进行细部刻画，增加适当的远景，并为构筑物及植物添加暗部及投影（图4-4-7）。

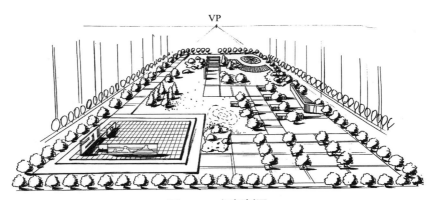

图4-4-7　细部刻画

画面中所有物体的暗部与投影方向需要统一，在下笔前需要先思量。

4.4.2.2　两点透视鸟瞰图绘画实例

两点透视鸟瞰图的绘画步骤如下。

① 步骤一：两点透视场地定位。根据两点透视俯视构图的画法，画出场地的轮廓，并对主要道路和景观构筑物进行定位（图4-4-8）。

② 步骤二：确定构筑物高度。根据两点透视原理，确定主要构筑物的高度（图4-4-9）。

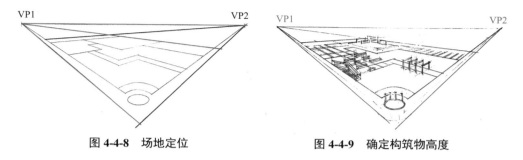

图 4-4-8　场地定位　　　　　图 4-4-9　确定构筑物高度

③ 步骤三：添加植物。用圆形或椭圆形概括地画出场景中的植物轮廓，待确定位置后再根据植物类型进行细分（图4-4-10）。

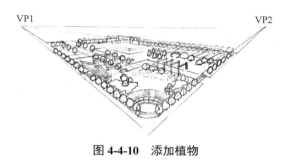

图 4-4-10　添加植物

④ 步骤四：勾勒线稿。观察画稿，根据画面需求对景物做适当调整后，用墨线勾勒线稿，擦除铅笔稿（图4-4-11）。

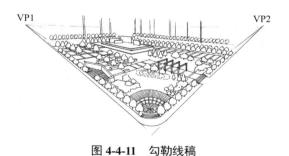

图 4-4-11　勾勒线稿

⑤ 步骤五：细部刻画，添加投影。对前景内容进行细部刻画，为构筑物及植物添加暗部及投影（图4-4-12）。

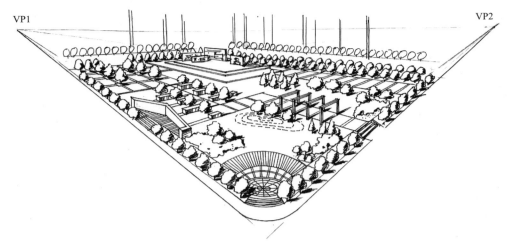

VP1

VP2

图 4-4-12　细部刻画，添加投影

【绘画训练 4-4-1】　一点透视鸟瞰图线稿练习

拓画

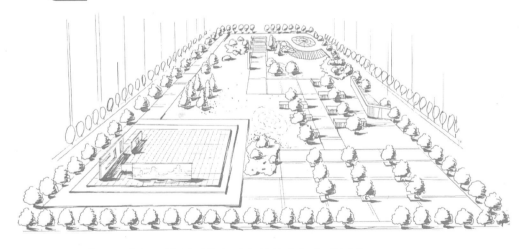

也可扫章名页中的二维码下载电子文件放大打印后拓画。

默画　准备尺寸适宜的纸张默画。

【绘画训练4-4-2】 两点透视鸟瞰图线稿练习

拓画

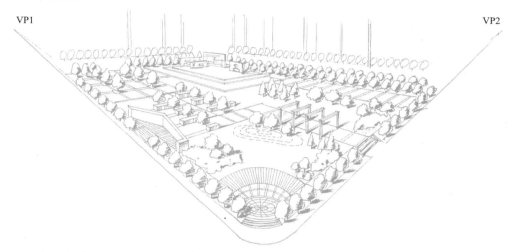

VP1

VP2

也可扫章名页中的二维码下载电子文件放大打印后拓画。

默画　准备尺寸适宜的纸张默画。

拓展练习

（1）线稿临摹

（2）图片写生

请仔细观察图片，分析透视类型、画面构图及景物的主次关系，根据所学知识进行图片写生的线稿练习。

第5章

景观手绘效果图的着色技法

学习目标

① 了解色彩的基本知识。

② 掌握效果图着色的常用配色技巧。

③ 掌握效果图着色的基本步骤与方法。

色彩是通过眼、脑和我们的生活经验所产生的一种对光的视觉效应。在设计领域，色彩是从事园林景观设计及其他设计工作的必要前提和基础，是最有表现力的要素之一，它会直接影响人们的感受。

5.1.1 色彩三要素

色彩三要素即色相、纯度（也称彩度或饱和度）、明度，在色彩学上也称为色彩的三大要素或三属性。

（1）色相

色相即各种色彩的相貌，能比较准确地表示某种颜色的色别名称，如深红、熟褐、柠檬黄等，是有彩色的最大特征，也是区别各种不同色彩的准确标准。从光学物理的角度来说，各种色相由射入人眼的光线的光谱成分所决定。对于单色光来说，色相完全取决于该光线的频率；对于混合色光来说，则取决于各种频率光线的相对量。物体的颜色是由光源的光谱成分和物体表面反射（或透射）的特性决定的。有彩色的基本色相为红、橙、黄、绿、青、蓝、紫。在各色中间插入一两个中间色，其头尾色相，按光谱顺序为：黄色、黄橙色、橙色、红橙色、红色、红紫色、紫色、蓝紫色、蓝色、蓝绿色、绿色、黄绿色。伊登12色相环是由近代著名的色彩学大师美国籍教师约翰斯·伊登所著《色彩论》一书而来。它的设计特色是以三原色作为基础色相；色相环中每一个色相的位置都是独立的，区分得非常清楚，排列顺序和彩虹以及光谱的排列方式是一样的。这12个颜色间隔都一样，并以6个补色对，分别位于直径相对的两端；发展出12色相环，如图5-1-1所示。

图5-1-1 伊登12色相环

（2）纯度

纯度又称为饱和度或彩度，指色彩的鲜艳程度，它表示颜色中所含有色成分的比例。含有色成分的比例越大，则色彩的纯度越高；含有色成分的比例越小，则色彩的纯度就越低。可见光谱的各种单色光是纯的颜色，为极限纯度。当一种颜色中掺入黑、白或其他颜色时，纯度就会产生变化，如图5-1-2所示。有色物体色彩的纯度与物体的表面结构有关。如果物体表面粗糙，漫反射作用就会使色彩的纯度降低；如果物体表面光滑，全反射作用就会使物体呈现比较鲜艳的色彩。

（3）明度

明度指色彩的明亮程度。各种有色物体由于它们反射光量的区别而产生颜色的明暗强弱。色彩的明度有以下两种情况。

① 同一色相的不同明度。如同一种颜色在强光照射下显得明亮，在弱光照射下显得灰暗模糊；同一颜色加黑色或白色也能产生各种不同的明暗层次，如图 5-1-3 所示。

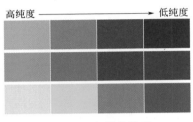

图 5-1-2　色彩的纯度

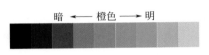

图 5-1-3　色彩的明度

② 不同色相的不同明度。每一种纯色都有与其对应的明度，黄色明度高，蓝、紫色明度低，红、绿色为中间明度。色彩的明度变化往往会影响纯度。如红色加入黑色后明度降低了，同时纯度也降低了；红色加入白色则明度提高了，而纯度却降低了。

5.1.2　色彩的构成

色彩的构成因素主要有固有色、光源色和环境色。

（1）固有色

即自然光线下物体所呈现的本身色彩。任何物体和材质都有其固有色，但由于受到光源和环境的影响，在表达时应注意归纳总结，不可过于突出固有色而使画面产生乱、碎的问题，也不可完全忽略固有色，而使设计信息表达不完整。

（2）光源色

光频的高低、强弱、比例、性质不同形成了不同的色光，称为光源色。光源色对画面整体色彩具有较大影响，如晨光、夜景，会使整体色彩有一定偏向，产生氛围感。

（3）环境色

物体周围环境的颜色由于光的反射作用，引起物体色彩的变化。在绘制效果图时，应考虑各个界面和体量较大物体的影响，并根据实际情况加强或减弱环境色。

5.1.3 色系

丰富多样的颜色可以分成无彩色系和有彩色系两个大类。

（1）无彩色系

除了白色、黑色和各种深浅不同的灰色之外，不包含任何其他色相，如图 5-1-4 所示。

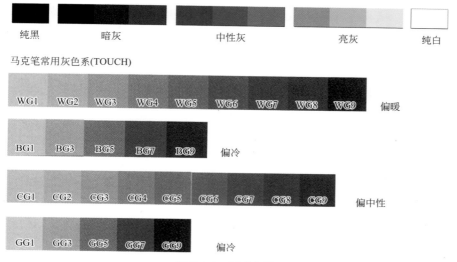

| 纯黑 | 暗灰 | 中性灰 | 亮灰 | 纯白 |

马克笔常用灰色系(TOUCH)

| WG1 | WG2 | WG3 | WG4 | WG5 | WG6 | WG7 | WG8 | WG9 | 偏暖 |

| BG1 | BG3 | BG5 | BG7 | BG9 | 偏冷 |

| CG1 | CG2 | CG3 | CG4 | CG5 | CG6 | CG7 | CG8 | CG9 | 偏中性 |

| GG1 | GG3 | GG5 | GG7 | GG9 | 偏冷 |

图 5-1-4　无彩色系

白色是最亮的颜色，给人干净、纯洁、高贵等感受，和其他有彩色搭配时，会在一定程度上增加其他有彩色的明度，使画面整体看上去更为轻灵。作为背景，白色会凸显主体，让人的视线更容易被焦点吸引。

黑色是最暗的颜色，给人昏暗、夜幕、庄重、厚重等感觉，如果和其他有彩色相邻，会使其他色彩更加鲜明。若使用黑色作为背景，则可以使整个画面更收敛，也更容易统一。

灰色并不是某种单一的色彩，而是由多种其他颜色调配而来的。灰色本身并没有太多特点，只有通过明度的改变而产生变化，如深灰、浅灰等。作为中性色，灰色和任何有彩色搭配都会呈现出补色的感觉。当灰色和暖色相邻搭配时，会呈冷色；而当灰色和冷色搭配时，则又会给人温暖的感觉。这种特点使得灰色和任何一种有彩色都能和谐共存。

（2）有彩色系

简称彩色系，具备光谱上的某种或某些色相，包括红、橙、黄、绿、青、蓝、紫等颜色。有彩色系的颜色一般具有色彩三要素，即色相、纯度、明度。

（1）色彩的温度感

主要指色彩结构在色相上呈现出来的总体印象。色彩本身并无冷暖的温度差别，是视觉引起人们的心理联想，进而产生冷暖感觉。

① 暖色。人们看到红、红橙、橙、黄橙、黄、棕等颜色后，会联想到太阳、火焰等物像，从而产生温暖、热烈等感觉。

② 冷色。人们看到青、绿、蓝等颜色后，会联想到天空、冰雪、海洋等物像，产生寒冷的心理感觉。

（2）色彩的轻重感

这主要与色彩的明度有关。明度高的色彩会使人联想到蓝天、白云、彩霞及花卉，产生轻柔、飘浮、上升之感。明度低的色彩易使人联想到钢铁、大理石等物品，产生沉重、稳定、降落之感。此外，在相同明度下，暖色通常比冷色给人的感觉要重一些。

（3）色彩的软硬感

主要与色彩的明度、纯度有关。纯度越低，色彩的感觉越软；纯度越高，则色彩的感觉越硬。高纯度的色彩多呈硬感，若其明度低则硬感更明显。

（4）色彩的空间感

红、橙、黄等光频低的颜色给人感觉比较迫近，绿、蓝、紫等光频高的颜色在同样距离内给人感觉就比较开阔。实际上这是视错觉的一种现象，一般暖色、纯色、高明度色、强烈对比色、大面积色、集中色等有前进的感觉；相反，冷色、浊色、低明度色、弱对比色、小面积色、分散色等有后退的感觉。

（5）色彩的大小感

暖色、高明度色等有扩大、膨胀感，使物体看起来更大；冷色、低明度色等有收缩感，使物体看起来更小。

（6）色彩的鲜艳、质朴感

色彩的三要素中，纯度对华丽及质朴感的影响最大。明度和纯度高的色彩，以及丰富、强对比的色彩，给人鲜艳、强烈的感觉。明度和纯度低的色彩，以及单纯、弱对比的色彩，给人质朴、古雅的感觉。

（7）色彩的兴奋、镇静感

暖色、丰富的彩色、强对比色，给人兴奋、活泼有朝气、轰轰烈烈的感觉；冷色则给人镇静、高远、开阔的感觉。对色彩的兴奋、镇静感影响最大的是色相，红、橙、黄等暖色给人以兴奋感，绿、蓝、紫等冷色使人感到镇静；其次是纯度，高纯度的颜色给人兴奋感，低纯度的颜色则给人镇静感；最后是明度，高明度的色彩给人兴奋感，低明度的色彩则给人镇静感。

5.3 绘画色彩常用名词

（1）三原色

将自然界中被三棱镜分解出来的颜色进行归纳，可组成一个首尾相连的色相环。红、黄、蓝是色相环中的三原色，它们是调配各种颜色的基础，其他颜色却无法调出三原色，如图 5-3-1 所示。受颜料本身特性及调配比例影响，在实际操作中水彩、马克笔用红色和蓝色叠色，很难呈现出图中所示的紫色。

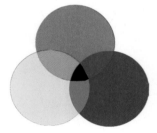

图 5-3-1　三原色

（2）间色（第二次色）

即三原色中的任意两种颜色混合得出的色彩，如红色＋黄色＝橙色，红色＋蓝色＝紫色，黄色＋蓝色＝绿色，橙色、紫色、绿色即为间色，如图 5-3-2 所示。

（3）复色（第三次色）

将两个间色（如橙色与绿色、绿色与紫色）或一个原色与相对应的间色（如红色与绿色、黄色与紫色）相混合得出的色彩。复色包含了三原色的成分，成为色彩纯度较低的含灰色彩，如图 5-3-3 所示。

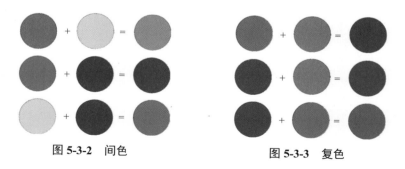

图 5-3-2　间色　　　　　　　图 5-3-3　复色

（4）对比色

色相环中相隔 120° 至 150° 之间的任何三种颜色，如图 5-3-4 所示。

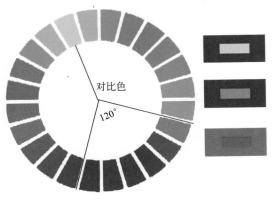

图 5-3-4　对比色

（5）同类色

同一色相中不同倾向的系列颜色称为同类色。如黄色可分为柠檬黄、中黄、橘黄、土黄等，这些都是同类色，如图 5-3-5 所示。

（6）互补色

色相环中相隔 180° 的颜色，称为互补色，如红色与绿色，蓝色与橙色，黄色与紫色。互补色叠加（如演练配色时，将两种补色颜料涂在白纸的同一点上）时，就成为黑色；互补色并列时，会引起强烈对比的色觉，会感到红色更红、绿色更绿，如将互补色的饱和度减弱，即能趋向调和，如图 5-3-6 所示。

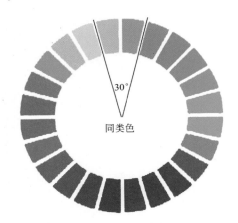

图 5-3-5　同类色

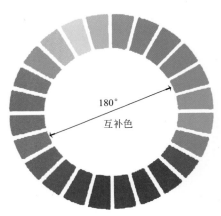

图 5-3-6　互补色

5.4　效果图着色的配色技巧

5.4.1　色彩调和

（1）光源色调和

不同颜色的光源照射在同一个物体上会产生不同的色彩效果。如阳光是偏黄的暖色光，月光是偏青的冷色光，火光是偏橙红色的暖色光。

（2）主调调和

某类物体色彩占统治的成分所构成的调和。

（3）中性色调和

黑、白、灰为中性色。它们无论与任何色彩相邻，都能独立承担起各种颜色之间的缓冲与补色平衡的角色。在任何不协调的色彩之间，只要间隔中性色，就能将整幅效果图的色彩统一起来

5.4.2　色彩对比

（1）色相对比

因色相之间的差别而形成的对比。当主色相确定后，必须考虑其他色彩与主色相是什么关系，要表现什么内容及效果等，这样才能增强效果图的表现力。

（2）明度对比

因明度之间的差别而形成的对比。白色明度高，黑色明度低，红色、灰色、绿色、蓝色属于中明度色彩。

（3）纯度对比

一种颜色与另一种更鲜艳的颜色相比时，会感觉不太鲜明；但与不鲜明的颜色相比时，则显得鲜明，这种色彩的对比即为纯度对比。

（4）冷暖对比

由于色彩的冷暖差别而形成的色彩对比，称为冷暖对比。红色、橙色、黄色使人感觉温暖；绿色、蓝色、紫色使人感觉寒冷；黑色、白色、灰色介于其间。此外，色彩的冷暖对比还受明度与纯度的影响，白色反射率高而感觉冷，黑色吸收率高而感觉暖。

（5）补色对比

色相距离约180°，为极端对比类型。如将黄色与紫色、红色与绿色等具有强对比效果的颜色同绘，会产生强烈、极有力之感，但若处理不当，则易产生幼稚、原始、不协调之感。

（6）对比色对比

色相距离约120°，为强对比类型。如紫红色与黄绿色同绘，会产生醒目、有力、活泼、丰富但也不易统一的杂乱感，易造成视觉疲劳。一般需要采用多种调和手段来改善对比效果。

（7）中差色对比

色相距离约90°，为中对比类型。如大红色与黄绿色同绘，会产生明快、活泼、

使人兴奋之感，对比有一定力度但不失调和之感。

（8）相似色对比

色相距离约60°，为较弱对比类型，如大红色与橙黄色。

（9）相邻色对比

色相距离约30°，色环上相邻的二至三色，为弱对比类型。如橙色与橙红色，给人柔和、和谐之感，但也易产生单调、乏味感，须调节明度来加强效果。

5.4.3　用色原则

（1）和谐原则

绘制手绘效果图时，色彩应相互协调，在差异中趋向一致。和谐原则是构建画面氛围的重点之一。

（2）对比原则

对比是一种艺术的表现手法，恰当地运用此法，可强化对比，提高艺术表现力和感染力。

（3）主次原则

手绘效果图画面色彩应有主次之分。形成画面基调的色彩即为主体色彩，衬托色和点缀色是次要色彩，对画面的色调不起决定性作用。

（4）均衡原则

指色彩对比上的相对稳定感，一般以画面偏中心位置为基准，向垂直、水平或对角线方向进行调整。稳定的色彩关系会使画面有舒适、优雅之感。

（5）节奏原则

效果图中色彩的配置还应富有节奏感，才能产生统一中有变化的美感。若画面中都是比较极端的颜色（如大红、大紫），会令人烦躁不安；若画面全是灰色则会显得消沉，没有活力。只有将纯色、中间色、灰色进行合理搭配，才能获得富有节奏感的画面效果。

5.5　配色色卡

本书色卡选择常用的 TOUCH、法卡勒、斯塔马克笔做配色色卡，其他品牌的马克笔就不一一列举了。通常我们会结合自身喜好，选择多个品牌的几套色卡配合使用（图 5-5-1 ～图 5-5-3）。

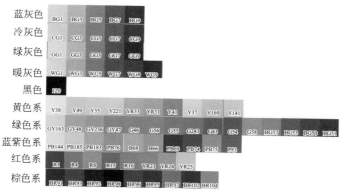

图 5-5-1 　TOUCH 马克笔常用色色卡

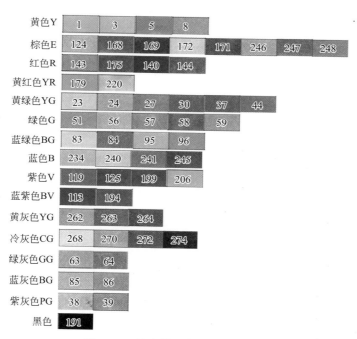

图 5-5-2 　法卡勒马克笔常用色色卡

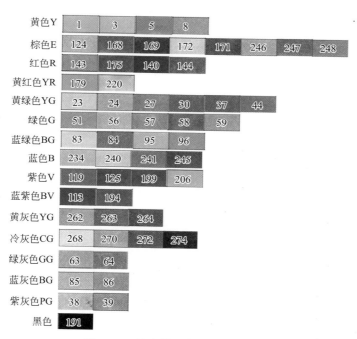

图 5-5-3 　斯塔马克笔常用色色卡

效果图的着色实践

常见效果图的着色方法可大致分为多色少线和多线少色两种。

5.6.1 多色少线

该着色方法又称为"三分线七分色",适合色彩造型能力强的人。可大幅度减少线稿,通过色彩表达材质。

对于多色少线的表达方式,线稿的质量也十分重要。绘制线稿时要注意构图应大小适中(不要过小,也不要太满,左右两侧离纸边缘留一个大拇指宽度,上下根据画面高度留1~2指宽度),透视要尽量准确,比例必须协调,主次一定要分明,线条尽量流畅,要能够明确体现设计意图或绘制对象的结构。

5.6.1.1 居住区内种植池效果图绘制范例

(1)案例分析

该案例位于杭州某居住小区内,主要有地面、石贴面花台、植物和背景住宅建筑四个部分,如图5-6-1。图片拍摄于冬季,整体色调以黄棕色为主,偏暗,不利于效果图表现,在上色时需有目的地调整部分植物的色调,最终形成图5-6-2中的效果。

图 5-6-1 实景照片

图 5-6-2　最终手绘效果图

（2）绘画步骤

① 步骤 1：用两点透视的方法，先勾出前景花台和地面，再勾出前景植物的树枝形态及中后景植物轮廓，最后画出住宅建筑的部分轮廓（图 5-6-3）。

图 5-6-3　勾勒轮廓

② 步骤 2：先给前景植物上色，上色时注意先浅后深，逐层深入（图 5-6-4）。

先用浅黄绿色绘制前景树的受光面。

用叠笔绘制植物的固有色，而后用点画法绘制中景颜色较深的植物。

Y35　G46　G55　GY48 (TOUCH)

图 5-6-4　前景植物上色

③ 步骤 3：继续给旁边的灌木上色（图 5-6-5）。

小贴士

　　没水的马克笔别全部扔掉，保留一两只常用色，在着色时加少许酒精能达到意想不到的效果。

可用基本没墨的马克笔GY236蘸少许酒精绘制左侧背景植物（用同色系彩铅加水绘制也可），既可以减淡马克笔原有的颜色，还能形成较好的过渡。

GY236　G46　BG51 (TOUCH)

图 5-6-5　左侧灌木上色

④ 步骤 4：给种植池及地面上色（图 5-6-6）。

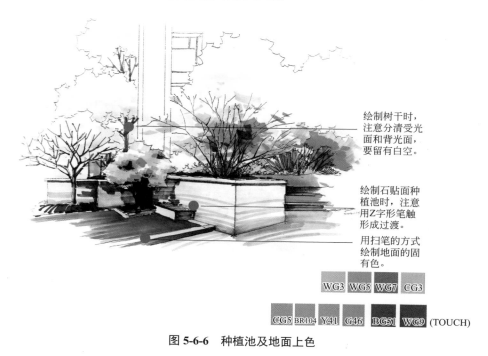

绘制树干时，注意分清受光面和背光面，要留有白空。

绘制石贴面种植池时，注意用 Z 字形笔触形成过渡。

用扫笔的方式绘制地面的固有色。

WG3	WG5	WG7	CG3

CG5	BR104	Y41	G46	BG51	WG9
(TOUCH)

图 5-6-6　种植池及地面上色

⑤ 步骤 5：进一步深入画面，给背景建筑上固有色（图 5-6-7）。

Y41	BR104	120	CG3

CG5
(TOUCH)

图 5-6-7　背景建筑上色

⑥ 步骤6：用基本没水的马克笔Y41蘸酒精绘制背景其他植物（用同色系彩铅加水绘制也可），再用浅蓝色绘制背景建筑玻璃（图5-6-8）。

Y41　WG3　PB185 (TOUCH)

图 5-6-8　完善画面

【绘画训练 5-6-1】　居住区内种植池效果图

范例

也可扫章名页中的二维码下载电子文件放大打印后着色。

默画　准备尺寸适宜的纸张默画。

【绘画训练 5-6-2】　彩虹拱门效果图

技法分析

① 彩虹拱门是整个画面的中心，但色彩过于鲜艳，色彩间对比度较强，周围乔灌木较多但略显杂乱，在绘制效果图时应适度进行取舍（图5-6-9）。

图5-6-9　实景照片

② 注意材质的表达和主配景的前后关系。

a.用两点透视的方法，先勾出彩虹门，再简单绘制出周边植物。

b.先给植物上色，小心处理好前景与中后景的叠加部分。

c.给拱门上色，注意用横向笔触表现木材的质感。

着色

也可扫章名页中的二维码下载电子文件放大打印后着色。

默画 准备尺寸适宜的纸张默画。

5.6.1.2 居住区景观廊架效果图绘制范例

（1）案例分析

图片为某小区宅间绿化，景观廊架是整个画面的中心。因图片拍摄于秋冬时节，整体色调以黄色系为主，如图 5-6-10 和图 5-6-11所示。

图 5-6-10　实景照片

图 5-6-11　最终手绘效果图

（2）绘画步骤

① 步骤 1：先选择利用两点透视，初步完成画面中景观廊架、矮墙的透视线稿图，再利用乔木对整个画面的构图和天空的韵律感进行调整（图 5-6-12）。

注意对局部投影进行加重，以形成空间中点、线、面的构成感，从而加强整个画面的虚实对比。

图 5-6-12　透视线稿图

② 步骤2：刚开始上色时，先对画面中的主景、硬质铺装进行绘制。用浅色马克笔铺固有色，以确定画面的主色调（图5-6-13）。

加重局部阴影时注意黑色不要压得太多太深。

R222　WG01　BG05　（斯塔）

图5-6-13　确定画面主色调

③ 步骤3：根据画面的主色调，开始对植物的固有色进行着色（图5-6-14）。

着色时要注意前后植物在色相、明度和纯度上的区分，以画出它的前后关系，一般来说，前景的明度和纯度更高。

G902　Y611　Y332　R302　R702　R222
G401　WG01　BG05　（斯塔）

图5-6-14　上固有色

④ 步骤 4：继续丰富画面。先要根据整个空间的色调和氛围去刻画人物，再整体调整画面，强调空间的虚实，加强进深感，加强明暗对比（图 5-6-15）。

G902　Y611　Y623　Y332

Y025　Y000　Y900

R222　WG01　WG03　R302

R702　G401　G122

（斯塔）

B204　B411　BG01　BG05

图 5-6-15　继续丰富画面

【绘画训练 5-6-3】　居住区景观廊架效果图

范例

也可扫章名页中的二维码下载电子文件放大打印后着色。

准备尺寸适宜的纸张默画。

5.6.2 多线少色

底稿绘制难度较多色少线的画法略高，整体画面表现也更加细致，花费的绘制时间也相对更长，适合设计文本最终效果的呈现。

5.6.2.1 公园入口半围合空间景观效果图表现范例

（1）案例分析

图片为上海上房园艺·梦花源入口一角，属于半围合空间。整张图以绿色调为主，绘制时需注意保持画面的均衡感和统一性，同时又要有一定的变化性，如图 5-6-16 和图 5-6-17 所示。

图 5-6-16　实景照片

图 5-6-17　最终手绘效果图

（2）绘画步骤

① 步骤 1：两点透视勾出基本框架，注意把握结构比例的准确性，注意前景可尽量刻画得细致一些，背景只要表现出整体外轮廓形态即可（图 5-6-18）。

根据不同类型的植物特性，区分乔木、灌木、地被、藤本植物，并概括地绘制出线形、卵圆形、针形等主要叶片形态。

为了利于后期上色效果，多线少色的表达方式在线稿阶段就应添加必要的光影效果，以凸显层次关系。

图 5-6-18　两点透视勾出基本框架

② 步骤 2：丰富主景与背景关系，交代清楚植物和石台的固有色（图 5-6-19）。

前景石台刻画要精细，
颜色以棕色为主，整
体笔法采用平涂处理。

远景藤本植物
可用平铺加点
画法来表现。

花架背后植物
注意穿插关系，
不用涂太满。

图 5-6-19　丰富主景与背景关系

③步骤 3：加强颜色的层次变化，强化光影效果（图 5-6-20）。

强化前景线性植物的空间
关系，加深植物根部与花
盆的联系。

| BR104 | BR95 | WG5 | WG7 | CG3 | CG7 | (TOUCH) |

进一步塑造石质砌台的块面，
增加色彩的层次感。

图 5-6-20　强化光影效果

④ 步骤 4：进一步完善画面，使前景、中景和远景自然过渡以产生整体性。加强主要形体的对比度和虚实变化，再通过马卡龙色增加梦幻感（图 5-6-21）。

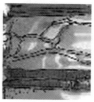

前景植物以黄绿色为主色调，并通过背景的深绿色进行衬托。

暗面叠加次数不宜过多，并以N或Z字形线条收尾。

图 5-6-21　完善画面

【绘画训练 5-6-4】　公园入口半围合空间景观效果图

范例

着色

也可扫章名页中的二维码下载电子文件放大打印后着色。

默画　准备尺寸适宜的纸张默画。

5.6.2.2　度假酒店泳池景观效果图表现范例

（1）案例分析

图 5-6-22 为某度假酒店水景。蓝色泳池是整个画面中的亮点，左边的躺椅、藤椅、木质花架等与木地板相呼应，背景乔木香樟、紫竹林偏黄绿色，孝顺竹偏蓝绿色，色彩都不算厚重，但右上角乔木因背光，色调太重，与整个画面不够协调，在表达时宜弱化。

图 5-6-22　实景照片

最终手绘效果图如图 5-6-23 所示。

图 5-6-23　最终手绘效果图

（2）绘画步骤

①步骤 1：明确消失点位置及整体画面比例，以两点透视法重点刻画泳池及旁边的躺椅等配景，概括并弱化右侧乔木以形成框景效果，如图 5-6-24 所示。

在纸面1/2略偏上处先画一条视平线，再用两点透视的方法分别绘制出水池、座椅、花架、背景乔木、竹林等。

绘制地面木板的纹理时需注意透视关系。

图 5-6-24　明确整体画面比例

② 步骤 2：集中刻画泳池主景，再从中心向周边过渡，分别绘制地面、花架、躺椅等（图 5-6-25）。

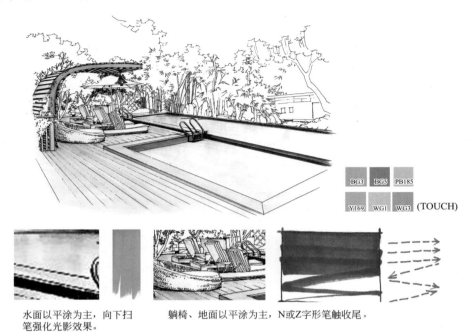

BG3　BG5　PB185

Y169　WG1　WG3　(TOUCH)

水面以平涂为主，向下扫笔强化光影效果。

躺椅、地面以平涂为主，N或Z字形笔触收尾。

图 5-6-25　刻画主景，绘制配景

③ 步骤 3：细化花架和藤椅（图 5-6-26）。

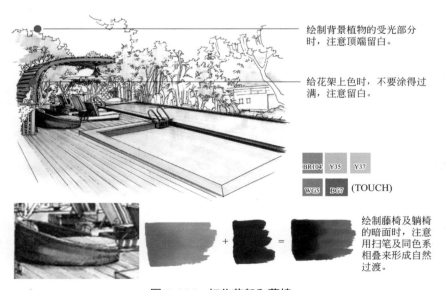

绘制背景植物的受光部分时，注意顶端留白。

给花架上色时，不要涂得过满，注意留白。

BR104　Y35　Y37

WG5　BG7　(TOUCH)

绘制藤椅及躺椅的暗面时，注意用扫笔及同色系相叠来形成自然过渡。

图 5-6-26　细化花架和藤椅

④ 步骤 4：加深背景竹林及桂花树。注意利用深绿色对前景的廊架、中景的遮阳伞进行有效衬托（图 5-6-27）。

G46　GS4　PB183　(TOUCH)

绘制竹林时，用倒
W笔触进行绘制。
注意笔触应有一定
变化。

图 5-6-27　加深背景竹林及桂花树

⑤ 步骤 5：这一步着重绘制水池，注意对水面反光处进行留白处理，之后分别绘制水池周边的假山石以及大理石台面（图 5-6-28）。

石分三面，绘制时注意受　　泳池边缘以N字收尾。　　水面以扫笔绘制倒影，
光面和背光面的区别。　　　　　　　　　　　　　　以点笔绘制树影。

图 5-6-28　着重绘制水池

⑥ 步骤6：加强颜色的层次变化。用冷灰色对投影及明暗交界线处进行压暗处理（图5-6-29）。

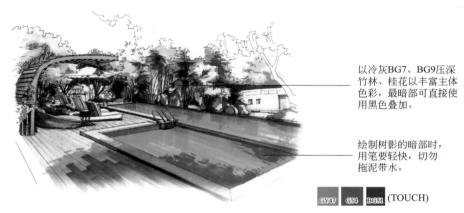

以冷灰BG7、BG9压深竹林、桂花以丰富主体色彩，最暗部可直接使用黑色叠加。

绘制树影的暗部时，用笔要轻快，切勿拖泥带水。

GY47 GS4 BGS1 (TOUCH)

图 5-6-29　加强颜色层次变化

⑦ 步骤7：细节润色。以浅灰色降低背景植物的鲜艳度，再用高光笔增加水中的倒影，提亮金属扶手及背景植物（图5-6-30）。

竹林提亮可用"个"字或"介"字形笔法。

泳池金属扶手可以用高光笔提亮，并反向绘制倒影。

用TOUCH Y37增加景石右侧受光面的温暖感。

图 5-6-30　细节润色

⑧ 步骤 8：画面调整，并借助彩铅增加画面的质感，特别注意用白色彩铅勾出泳池底部的砖缝（图 5-6-31）。

勾砖缝时需注意透视关系。

图 5-6-31　画面调整

【绘画训练 5-6-5】 度假酒店泳池景观效果图

范例

着色

也可扫章名页中的二维码下载电子文件放大打印后着色。

默画 准备尺寸适宜的纸张默画。

拓展练习

（1）临摹

（2）图片写生

请仔细观察并分析图片，根据所学知识对画面进行合理的取舍，运用马克笔、彩铅相关技法进行色稿练习。

扫码下载绘画
训练文件

第 6 章

景观平面图、立面图、剖面图的手绘表现方法

学习目标

① 掌握平面图、立面图、剖面图中各景观要素的表现方法。

② 能运用系统化的绘画步骤完成景观平面图、立面图、剖面图的表现。

6.1 平面图的表现

一幅完整的平面图可以反映出场地中的地形地貌、空间结构以及场地的外环境等情况。在平面图的绘制过程中，要尤其注意制图的规范性，图面须体现包括图名、比例尺、指北针等在内的基本信息以及设计说明。总平面图的区域比较大，一般采用较小的比例，比如 1 ∶ 200、1 ∶ 300、1 ∶ 500、1 ∶ 1000 等。尺寸数字单位为"米"。

6.1.1　图面基本信息的表现

图面基本信息中的文字应采用中文标准简化汉字，数字应使用阿拉伯数字，计量单位应使用国家法定计量单位。文字高度应为 3.5mm、5.0mm、7.0mm、10mm、14mm、20mm 等，A2 图幅中建议采用 10mm 字高。

技法引领

① 除体现主题的整套图纸名称采用艺术字表达之外，其余图面中的文字信息均宜用"长仿宋体"字体表述。

② 文字手写表现相对不足的初学者可适当将字体"压扁"，以达到提升美观性的效果。

（1）图纸名称的表现

图纸名称指平面图、立面图、剖面图、鸟瞰图、效果图等。通常以长仿宋体写于图纸下方居中处，并辅以上粗下细的两道下划线（图 6-1-1）。

平面图　立面图　剖面图　鸟瞰图　效果图

图 6-1-1　图纸名称

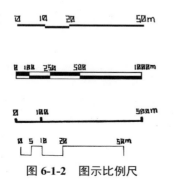

（2）比例尺的表现

为了图面比例不受图幅缩放影响，通常采用图示比例尺的形式表达图面比例（电子作图时尤为重要）。建议图示比例尺的各段长以 0、5 等数字结尾的整数分隔（图 6-1-2）。

在图幅固定的情况下，为节省时间，也可直接在图纸名称后以数字比例尺的形式表达图纸比例（图 6-1-3）。

图 6-1-2　图示比例尺

总平面图1:500

图 6-1-3 数字比例尺

（3）指北针的表现

平面图一般按照上北下南的方向绘制，根据地块形状或布局可向左、右偏转，但不宜超过45°。指北针为指示图面北方向的信息，一般出现在平面图或表达平面细部信息的扩初图的绘制中。立面图、剖面图、效果图等则不需要指北针（图 6-1-4）。

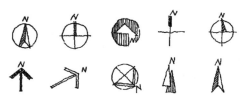

图 6-1-4 指北针

6.1.2 植物平面图的表现

植物作为园林设计的要素之一，在景观平面图中的占比相对较大，且植物的种类繁多，可分为针叶乔木、阔叶乔木、灌木、花卉、绿篱、草坪、藤本植物、水生植物等。这些植物在景观平面中的表达方式各不相同。

6.1.2.1 植物平面图的线稿表现

（1）乔木的平面图线稿表现

乔木在平面图中的表达方式是以树干位置为圆心，以树冠平均半径为半径画圆，中心用点表示。乔木有针叶乔木和阔叶乔木之分，在种植时有孤植、群植、片植等方式，在表达时也应有所区分。

针叶乔木的叶片像针一样，有尖锐的感觉，因此它的平面图例外围线条为锯齿状或刺状（图 6-1-5）。

图 6-1-5　针叶乔木平面图线稿表现

阔叶乔木叶片面积较大，因此它的平面图例外轮廓为圆形或局部有缺口（图 6-1-6）。

图 6-1-6　阔叶乔木平面图线稿表现

图 6-1-7　树林平面图线稿表现

（2）树林的平面图线稿表现

树林是单株树密集种植在一起形成的景观，因此树林的外轮廓是多变的，表达树林时需要有一定的空隙（图 6-1-7）。

（3）花卉的平面图线稿表现

花卉在景观中一般带状种植或片状以花圃形式种植，常以平滑或锯齿状线条勾勒边缘，以点填充，与灌木表现相似，但其中无透气孔（图 6-1-8）。

（4）灌木的平面图线稿表现

灌木的平面图例外轮廓多为锯齿状，其中也有一定的透气孔（图 6-1-9）。

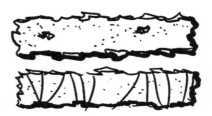

图 6-1-8　花卉平面图线稿表现　　　　图 6-1-9　灌木平面图线稿表现

（5）草坪的平面图线稿表现

草坪一般用打点的方式来表示，边缘密，中间疏。草坪的边缘选用较粗的针管笔表现，草坪内部的点则选用极细的针管笔表现（图 6-1-10）。

图 6-1-10　草坪平面图线稿表现

（6）植物组合的平面图线稿表现

上述五种类型植物之间可依设计需求任意组合。常见的组合形式有乔木—灌木—草坪、乔木—灌木—花卉、树林—灌木—草坪、树林—灌木—花卉等几种组合形式（图6-1-11）。

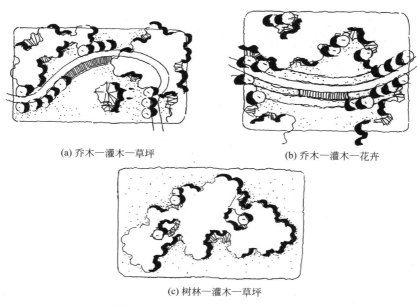

(a) 乔木—灌木—草坪   (b) 乔木—灌木—花卉

(c) 树林—灌木—草坪

图6-1-11 植物组合平面图线稿表现

技法引领

① 手绘植物组合时，需有一定的植物配置设计理论基础，体现植物主次、疏密等空间关系。

② 草坪与其他植物要素组合时，贴近林冠线部分草点较密，贴近草坪中心部分渐疏。

6.1.2.2 植物平面图的着色表现

着色的目的在于辅助设计表达，选色时需与植物实际颜色有所对应。常绿树通常用浅绿色、深绿色、墨绿色等颜色表达；落叶树常用棕色、黄色、红色等颜色表达；草坪常用翠绿色或浅绿色、浅黄色等颜色表达；花卉则常用粉色、黄色等鲜艳的颜色表达。具体表现时，依据光影效果，亮部适当留白，暗部用同一色系深一号颜色加深（图6-1-12）。

组合植物上色时要注意色彩之间的协调搭配，冷色系与冷色系相配，暖色系与暖色系相配，可对重点植物用较为鲜艳的色彩突出表现（图 6-1-13）。

图 6-1-12　植物平面图着色明暗关系

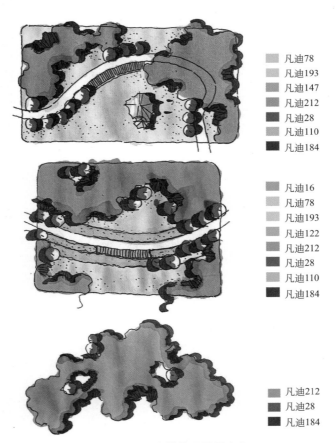

■	凡迪78
■	凡迪193
■	凡迪147
■	凡迪212
■	凡迪28
■	凡迪110
■	凡迪184

■	凡迪16
■	凡迪78
■	凡迪193
■	凡迪122
■	凡迪212
■	凡迪28
■	凡迪110
■	凡迪184

■	凡迪212
■	凡迪28
■	凡迪184

图 6-1-13　组合植物平面图上色

【绘画训练 6-1-1】 植物平面图的表现练习

范例一

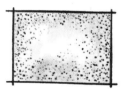  

拓画与着色

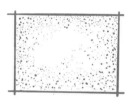  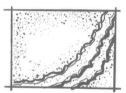

默画　准备尺寸适宜的纸张默画。

范例二

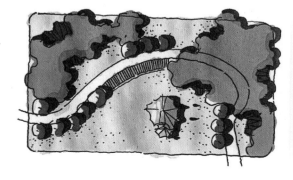 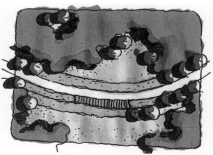

默画 准备尺寸适宜的纸张默画。

6.1.3 山石平面图的表现

6.1.3.1 山石平面图的线稿表现

山石是比较坚硬的园林造景要素，因此山石平面图的线条也要坚定有力（图6-1-14）。

图 6-1-14　山石平面图线稿表现

6.1.3.2 山石平面图的着色表现

山石着色往往选用冷灰色或暖灰色马克笔。着色时注意各石块光影变化的一致性，亮部留白，暗部加深。山石与地面贴合的部分，地面也应有顺应光影的阴影表现（图6-1-15）。

TOUCH WG1

TOUCH WG3

TOUCH WG7

图 6-1-15 山石平面图着色表现

【绘画训练 6-1-2】 山石平面图表现练习

范例

拓画与着色

默画 准备尺寸适宜的纸张默画。

6.1.4 水体平面图的表现

6.1.4.1 水体平面图的线稿表现

园林景观中的水体可分为自然式水体和规则式水体。规则式的水体常以 L 形、矩形、梯形、多边形等人工化形式出现，或利用这些规则的形式进行叠加组合成新的形式。自然式水体是对自然界中的水体形态进行模仿，如河、溪、湖、泉、池、潭等。不同水体形式的画法也有略微差异。

（1）规则式水体的平面图线稿表达

规则式水体多为人工挖掘的，以规整的几何形为主，绘制时用规整的线条来表现（可采用直尺、圆模板等工具）。通常用较粗的针管笔（1.0）勾画驳岸线，极细的针管笔（0.1）以直线、点画线或虚线勾勒等深线。规则式水体的池底线一般与等深线重合（图 6-1-16）。

图 6-1-16　规则式水体平面图线稿表达

（2）自然式水体的平面图线稿表达

自然式水体的驳岸曲线一般模仿自然界中的水体形态。注意在营建丰富岸线的同时要符合自然水体的冲积规律。通常用较粗的针管笔（1.0）勾画驳岸线，极细的针管笔（0.1）以直线、点画线或虚线勾勒等深线与池底线。一般情况下可按设计意图绘制一条或多条等深线（图 6-1-17）。

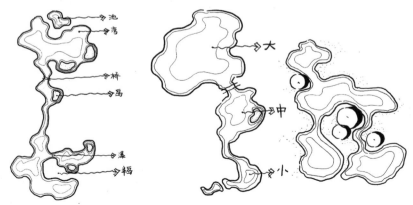

图 6-1-17　自然式水体平面图线稿表达

　　① 设计自然式水体时可利用组建大小水面、营建岛屿等方式提升设计感。

　　② 绘制自然式水体的等深线时一般相对贴合岸线，依岸线形态绘制，池底线往往距岸线较远，形态不必完全仿制岸线。

6.1.4.2　水体平面图的着色表现

　　水体平面图上色按设计需求，一般选用蓝色系或者浅的灰色系。上色过程中主要使用马克笔平铺手法，并在驳岸处以同色叠涂或用较深一号色的马克笔适当加深，注意深浅交界处的过渡衔接。具体上色手法参见植物平面图着色的技法引领（图 6-1-18）。

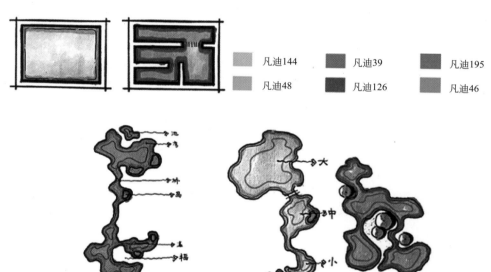

凡迪144　　凡迪39　　凡迪195

凡迪48　　凡迪126　　凡迪46

图 6-1-18　水体平面图的着色表现

　　① 平面图上色时为避免着色溢出线稿轮廓外，可先用相应色号马克笔的细端勾勒边缘。

　　② 平铺时用马克笔粗端轻微按压边缘，使笔端保持全贴于纸面，然后平速拖拉笔端，尽量避免上色线条之间有交叠或空缺处。

　　③ 阴影上色可按个人习惯采用平铺或点涂两种方式，注意明暗方向不变。

　　④ 亮部除留白外，还可用亮黄色或同一色系中的最亮色进行上色。

范例

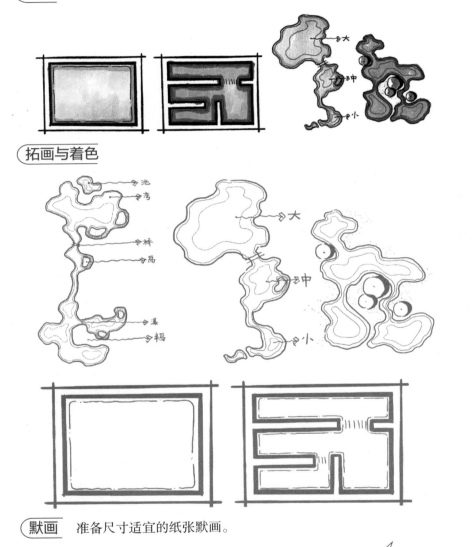

拓画与着色

默画 准备尺寸适宜的纸张默画。

6.1.5 景观平面图的表现

景观平面图是景观设计中最基础也是最重要的图面表现方式，从平面图中可以看出交通游线、节点分布、植物种植、视线分布等。

6.1.5.1 节点平面图的表现

节点平面图是一张完整平面图中的一个节点展示，用于表达单个节点的设计理念，绘画体量较小，适合初学者收集练习（图 6-1-19～图 6-1-22）。

凡迪11
凡迪8
凡迪13
凡迪124
凡迪16
凡迪15
凡迪184
凡迪25
凡迪147
凡迪156
凡迪159

图 6-1-19　入口空间表现一

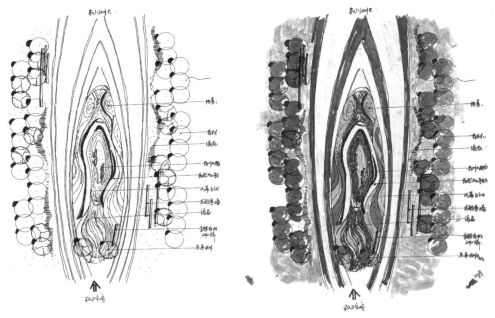

图 6-1-20　入口空间表现二

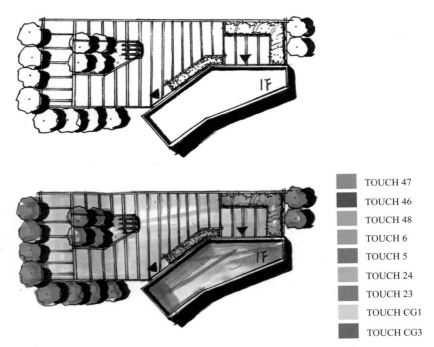

	TOUCH 47
	TOUCH 46
	TOUCH 48
	TOUCH 6
	TOUCH 5
	TOUCH 24
	TOUCH 23
	TOUCH CG1
	TOUCH CG3

图 6-1-21　建筑前小广场空间表现

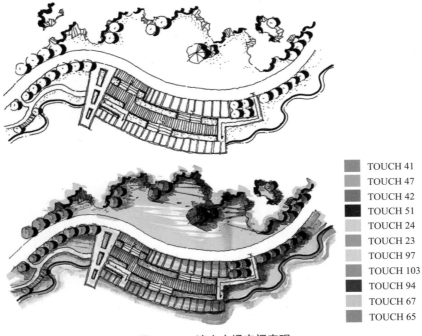

	TOUCH 41
	TOUCH 47
	TOUCH 42
	TOUCH 51
	TOUCH 24
	TOUCH 23
	TOUCH 97
	TOUCH 103
	TOUCH 94
	TOUCH 67
	TOUCH 65

图 6-1-22　滨水广场空间表现

【绘画训练 6-1-4】 节点平面图的表现练习

范例一

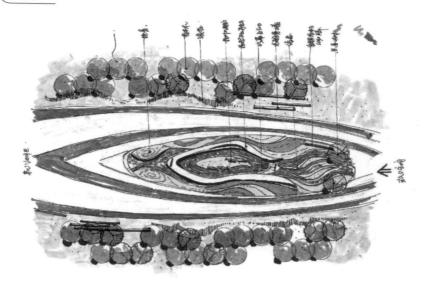

拓画与着色

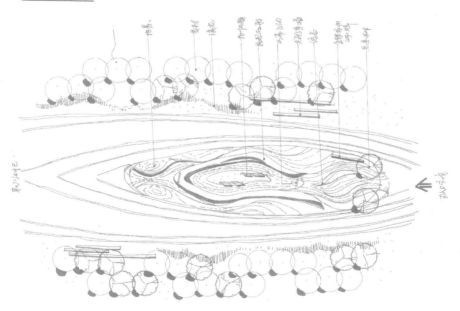

也可扫章名页中的二维码下载电子文件放大打印后着色。

默画 准备尺寸适宜的纸张默画。

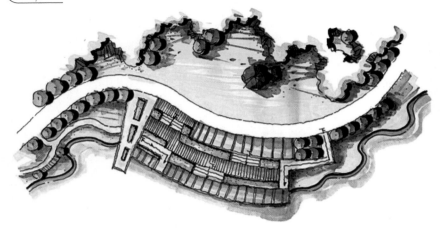

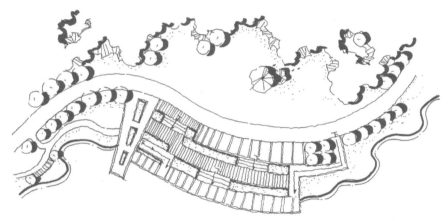

也可扫章名页中的二维码下载电子文件放大打印后着色。

默画　准备尺寸适宜的纸张默画。

6.1.5.2　总平面图的表现

总平面图是园林景观设计方案的整体形态的表达，有不可替代的作用。

（1）线稿绘制步骤

① 步骤一：打网格。确定平面图的比例，并在图纸上打好辅助方格网（图6-1-23），也可以底部使用网格纸，上方使用硫酸纸进行绘图。

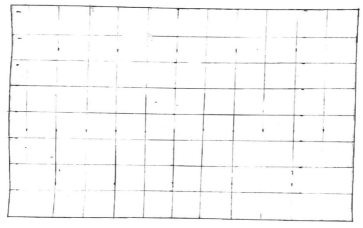

图 6-1-23　打网格

② 步骤二：确定用地红线与周边环境。将场地红线按比例放样到网格上，用铅笔勾勒场地周边环境（图 6-1-24）。

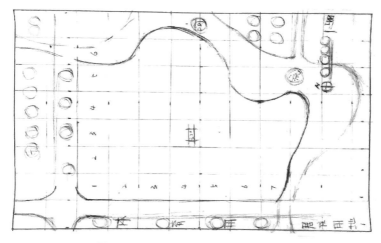

图 6-1-24　确定用地红线与周边环境

③ 步骤三：加粗红线，补充图面信息。用马克笔以点画线形式勾画用地红线；用 0.5 针管笔绘制场地外环境；用 1.0 针管笔标注场地基本信息、指北针、比例尺（图 6-1-25）。

④ 步骤四：勾勒草图。用铅笔确定平面图大致轮廓，确定园路、水体、建（构）筑物等骨架元素（图 6-1-26）。

⑤ 步骤五：上墨线。用 1.0 针管笔上水体；用 0.5 针管笔上道路、建（构）筑物、停车场等基本元素；用 0.1 针管笔上植物、台阶、铺装、等高线及其他细节（图 6-1-27）。

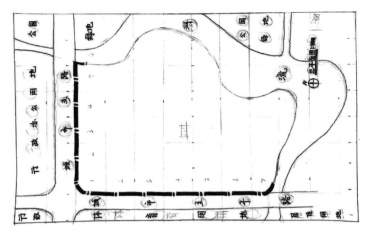

图 6-1-25　加粗红线，补充图面信息

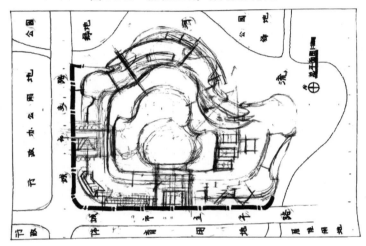

图 6-1-26　勾勒草图

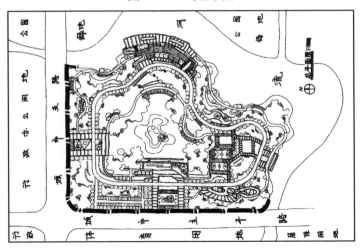

图 6-1-27　上墨线

　园林景观必修课：园林景观手绘表现与快速设计

（2）着色步骤

① 步骤一：地被与树木组团植物上色（图 6-1-28）。

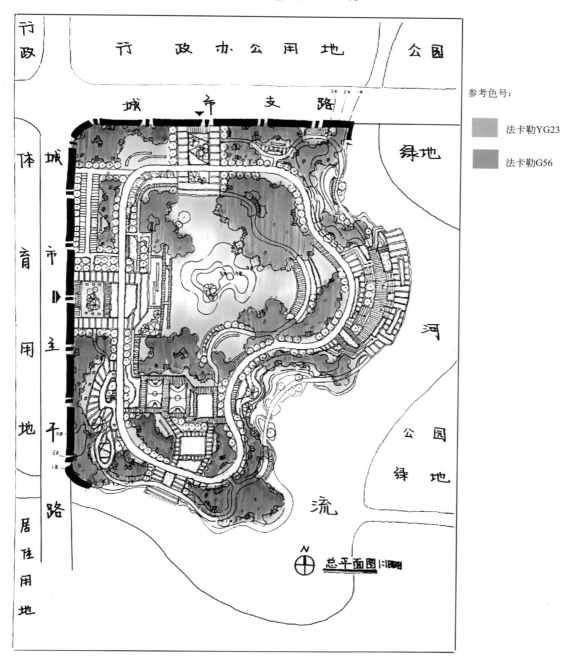

参考色号：

法卡勒YG23

法卡勒G56

图 6-1-28　地被与树木组团植物上色

（本书图中的数字比例尺仅为示意）

② 步骤二：单体树木上色（图6-1-29）。

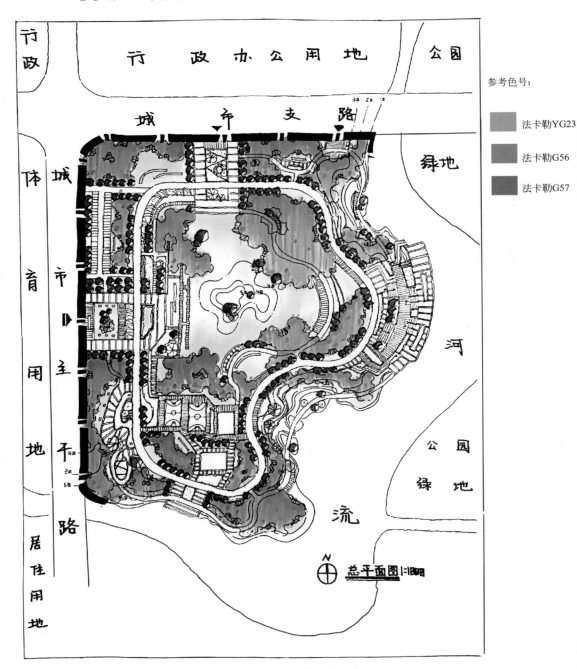

参考色号：

法卡勒YG23

法卡勒G56

法卡勒G57

图 6-1-29　单体树木上色

③步骤三：铺装、构筑物、水体上色，补充阴影细节（图6-1-30）。

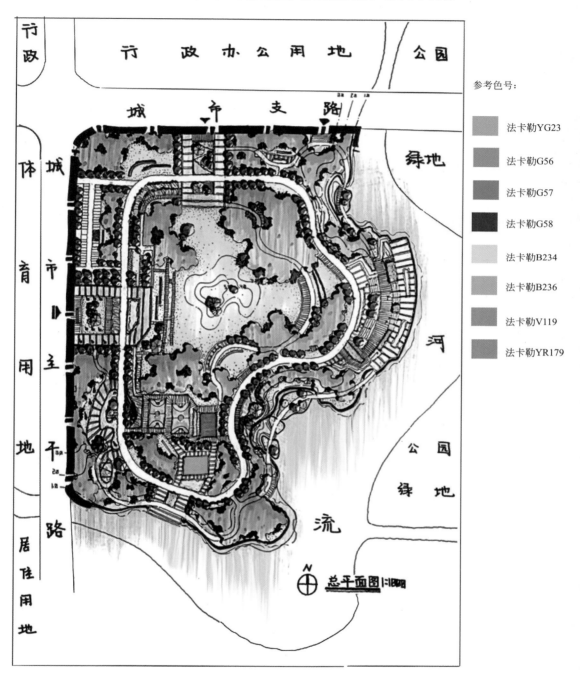

参考色号：

■ 法卡勒YG23

■ 法卡勒G56

■ 法卡勒G57

■ 法卡勒G58

■ 法卡勒B234

■ 法卡勒B236

■ 法卡勒V119

■ 法卡勒YR179

图6-1-30 上色并补充阴影细节

 技法引领

① 一张平面图在绘画前要先确定光照角度，再明确画面物体的明暗面。
② 一张平面图中所有物体的阴影方向要一致。

 【绘画训练6-1-5】 总平面图的表现练习

范例

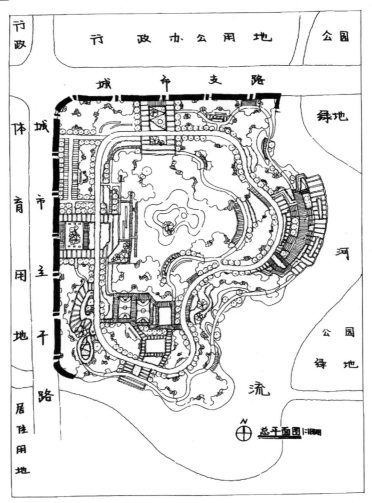

拓画与着色 扫章名页中的二维码下载电子文件放大打印后进行拓画与着色。

6.2 立面图的表现

在园林景观设计中，立面图是表现设计环境空间竖向垂直面的图纸。一个较好的立面图应当清晰地表达出场地的实际空间关系，特别是竖向关系。在滨水景观设计方案中，立面图尤为重要，可以体现出设计者处理高差的方式、空间氛围的变化、滨水设计的手段。在立面图的表达中，要标明图名和比例。

6.2.1 立面图的设计元素

① 地形：地形在立面图中一般用地形轮廓线表示。

② 水面：水面在立面图中一般用水位线表示。

③ 树木：立面图中，树木应画出明确的树形，注意不同树种的配置、色彩变化与虚实对比。

④ 构筑物：构筑物用建筑制图的方式表示。平时要注重收集立面案例，如驳岸的立面、建筑的外立面等。熟记一些常用的立面景观元素，如各种形态树的立面表达、各种水景的立面表达、亭廊组合的立面画法等。

6.2.2 植物立面图的表现

6.2.2.1 植物立面图的线稿表现

（1）乔木的立面图线稿表现

图 6-2-1 中的各种立面树可以大小高度随意变换组合。注意乔木搭配时阔叶与针叶树种搭配、常绿与落叶树种搭配等。

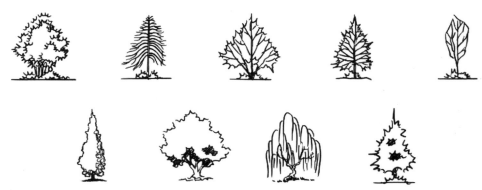

图 6-2-1 乔木立面图线稿表现

（2）灌木的立面图线稿表现

立面图中乔木底下常搭配各种灌木。图6-2-2中的素材随意搭配可以表现出立面图丰富的灌木种类。

图 6-2-2　灌木立面图线稿表现

6.2.2.2　植物立面图的着色表现

用浅绿色或深绿色马克笔对常绿乔灌木进行上色，色叶树选用黄色或红色进行上色，注意光影变化下的颜色深浅变化和适当留白（图6-2-3）。

法卡勒YG23
法卡勒G56
法卡勒G57
法卡勒G58

图 6-2-3　植物立面图的着色表现

6.2.3　山石立面图的表现

（1）山石立面图的线稿表现

石头绘画中更多采用较为直的线条，来表达石头坚硬的材质。顺着石头纹理大量绘制竖线，疏密明显区分开，容易体现出石头的光影质感。大石头旁可适当添加小石块，丰富画面（图6-2-4）。

图 6-2-4　山石立面图的线稿表现

（2）山石立面图的着色表现

根据山石材质选取颜色，如岩石或湖石等用冷灰色马克笔上色，黄石等则用暗黄色或暖灰色。注意光影变化下的颜色深浅变化和适当留白，对线稿阴影处进行加深（图 6-2-5）。

法卡勒CG268

法卡勒CG270

图 6-2-5 山石立面图的着色表现

6.2.4 常见景观构筑物的立面图表现

（1）常见景观构筑物立面图的线稿表现

景观构筑物绘画中更多采用较为直的线条来表达构筑物坚硬的材质。在直线较多时，也可采用尺规作图的方法，以此加强构筑物线条与周边植物环境的区分度。在大型构筑物中也可适当添加花台，丰富画面（图 6-2-6）。

图 6-2-6 常见景观构筑物立面图线稿表现

（2）常见景观构筑物立面图的着色表现

景观构筑物一般选用与实际颜色一致的色号进行着色，依据需求也可进行适当设计表现，如在大面积浅色中运用深色或鲜艳的颜色凸显构筑物等（图 6-2-7）。

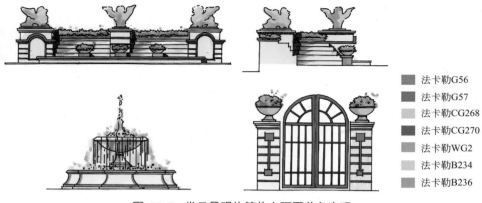

	法卡勒G56
	法卡勒G57
	法卡勒CG268
	法卡勒CG270
	法卡勒WG2
	法卡勒B234
	法卡勒B236

图 6-2-7　常见景观构筑物立面图着色表现

【绘画训练 6-2-1】　各景观要素的立面表现练习

范例一

拓画与着色

默画　准备尺寸适宜的纸张默画。

范例二

拓画与着色

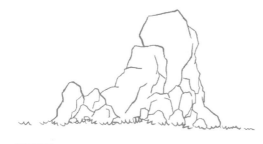

默画　准备尺寸适宜的纸张默画。

范例三

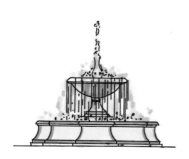

默画 准备尺寸适宜的纸张默画。

6.2.5 园林景观立面图线稿表现

园林景观立面图线稿的绘制步骤如下。

① 步骤一：确定场地的竖向高差和不同区域，绘制地面的轮廓线（图6-2-8）。

② 步骤二：绘制主要景观元素，例如亭子、围墙、背景建筑（图6-2-9）。

图 6-2-8 绘制地面轮廓线   图 6-2-9 绘制主要景观元素

③ 步骤三：绘制近景的主要乔木（图6-2-10）。

④ 步骤四：绘制近景的主要灌木，并适当加强它们之间的明暗关系（图6-2-11）。

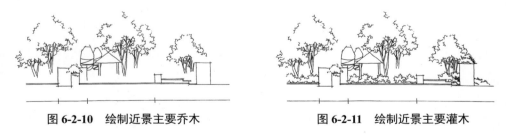

图 6-2-10 绘制近景主要乔木   图 6-2-11 绘制近景主要灌木

⑤ 步骤五：填上投影，绘制墙体、建筑与植物之间的明暗关系，加强对比（图6-2-12）。

⑥ 步骤六：绘制背景树，并适当加上一些投影和纹理（图 6-2-13）。

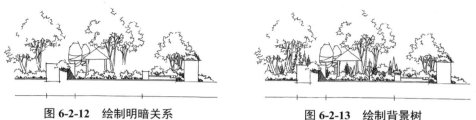

图 6-2-12　绘制明暗关系　　　　　　**图 6-2-13　绘制背景树**

⑦ 步骤七：绘制矮墙和亭子的纹理，并添加投影（图 6-2-14）。

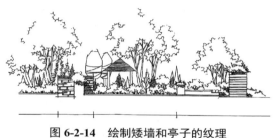

图 6-2-14　绘制矮墙和亭子的纹理

⑧ 步骤八：添加图名、比例尺，并注明各景观元素的名称（图 6-2-15）。

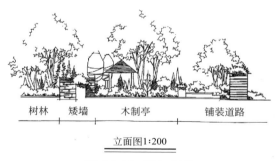

树林　矮墙　　木制亭　　　铺装道路

<u>立面图1:200</u>

图 6-2-15　添加文字

🌸 **技法引领**

① 立面图中树木的搭配需营造丰富的林冠线。

② 绘制立面图线稿时，通常不表现明暗效果。

6.2.6　园林景观立面图着色表现

园林景观立面图着色的步骤如下。

① 步骤一：植物平铺上色（图 6-2-16）。

树林　矮墙　木制亭　铺装道路

法卡勒YG23
法卡勒G56

图 6-2-16　植物平铺上色

② 步骤二：局部加深、补充细节（图 6-2-17）。

树林　矮墙　木制亭　铺装道路

法卡勒G56
法卡勒G57
法卡勒G58

图 6-2-17　局部加深、补充细节

③ 步骤三：构筑物平铺上色，补充树干等细节（图 6-2-18）。

树林　矮墙　木制亭　铺装道路

法卡勒CG268
法卡勒CG270
法卡勒WG2
凡迪70

图 6-2-18　构筑物平铺上色

技法引领

① 立面图中树木的着色需要注意多树种的色彩搭配与变化。

② 根据设计需求，如需突出某一构筑物或某一特色树种，则可选用相对鲜艳的色彩表现。

【绘画训练 6-2-2】 立面图的表现练习

范例

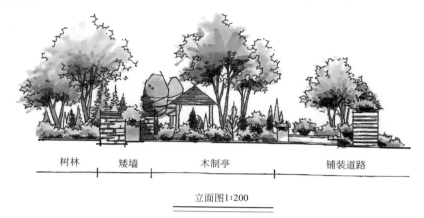

树林 　 矮墙 　 　 木制亭 　 　 　 铺装道路

立面图1:200

拓画与着色 也可扫章名页中的二维码下载电子文件放大打印后拓画、着色。

树林区 　 矮墙 　 　 木制亭区 　 　 铺装道路区

默画 准备尺寸适宜的纸张默画。

6.3 剖面图的表现

在景观设计中，剖面图是借助界面剖切线反映各设计要素的图形表达方式，如地形、水体、植物等设计要素。它从另一个侧面补充了平面图的细节，清晰地反映了竖向关系与细部的处理。它如实表达了被剖切场地的垂直面情况，体现被剖切场地的地形状况。通过剖面图，我们可以清楚直观地了解设计者对场地竖向的设计处理。

6.3.1 剖面图线稿表现

6.3.1.1 相关名词解释

① 剖切线：指示剖切位置的线，用点画线表示。

② 剖切符号：指示剖切面起止、转折位置及投射方向的符号。

注：剖切位置线（也称剖线）用长的粗实线表示，长度为 6 ~ 10mm；投射方向线（也称看线）用短的粗实线表示，长度为 4 ~ 6mm，即长"剖"短"看"（图 6-3-1）。

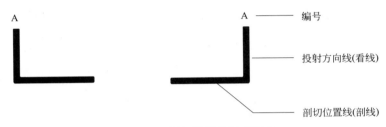

图 6-3-1 剖切符号的组成部分

> 剖面图剖切线的位置一般选择最能表现设计意图的部分，如表达高差的处理方式、表达水体的水位高度与池底高度、表达优美的林冠线、表达特殊构筑物等。

③ 视图名称：一般应按"×-×"（大写英文字母）的标注方式标注剖面图名称，在相应视图上剖切符号表示剖线和看线（长剖短看），并标注相同字母。

6.3.1.2 设计元素

① 地形上的地物相对位置和室外标高的关系，如标高变化、地形特征、高差地形处理等。

② 植被分布及树木空间的轮廓与景观势态，如植物的种植特征、营造的氛围、林冠线等。

③ 垂直空间内地面不同界面的处理效果，包括水岸变化、坡度延伸情况，垂直空间里上中下层生态群落植物配置情况，构筑物如景墙、雕塑等细节处理。

6.3.1.3 图面内容

一张完整的剖面图应该包括图名、剖切符号、比例尺、图示标注、植物、道路及铺装、建筑及构筑物、地形等要素（图 6-3-2）。

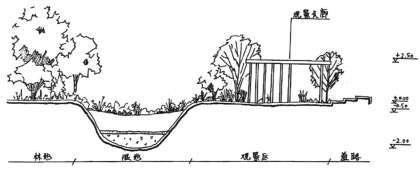

图 6-3-2　剖面图的图面内容

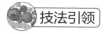 技法引领

　　剖面图中植物、山石、构筑物的表现方式与立面图一致。注意剖到的部位线条需要加深。

（1）剖切符号

剖切符号标示剖切位置，剖切位置的选择应注意以下要点。

① 选择有高差的地形或微地形，通常能反映竖向设计的地方（图 6-3-3）。

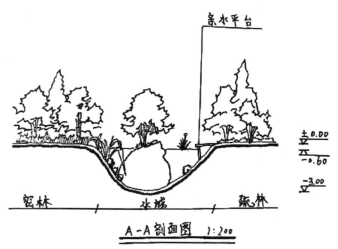

图 6-3-3　选择能反映竖向设计的位置进行剖切

　　② 如果地形平缓，则以园林小品或建筑物、构筑物为中心，进行剖面的空间场景表达。如植物关系上的树阵、孤植、组团种植等，增加景观小品、廊架、景墙、观景塔、观景台、构筑物等，丰富剖面图（图 6-3-4）。

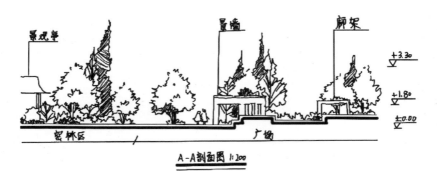

图 6-3-4　选择有建筑、小品的位置进行剖切

（2）比例尺

在尺度方面，水平方向以比例尺为准，垂直方向以人的高度为准。可以先确定人体高度（一般为 1.7m），再去对比植物、构筑物和建筑物等的高度。

（3）图示标注

图示标注的要点如表 6-3-1 所示。

表 6-3-1　图示标注的要点

标注信息	标注位置	标注规则	标注内容
空间内容 / 场地尺寸	图面下方 / 上方	尺寸单位用毫米 小数点后保留两位数字	道路空间、绿化空间等 具体小品名称
景观小品	图面上方		地平面高程、水体高程（最高水位 / 常水位）、建筑物及构筑物小品高程
高程标注	图面左方 / 右方		

（4）植物

通过植物组团的高差、背景树的处理以及整体林冠线的变化表现植物的空间关系。

① 概括简化背景树，用同一形态表示，达到整体统一的画面效果，或通过构筑物衬托植物组团高差（图 6-3-5）。

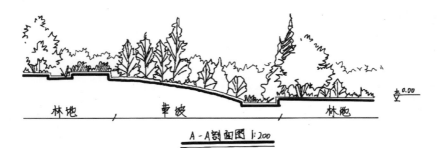

图 6-3-5　剖面图表现植物组团空间关系

② 刻画植物前后关系和层次。如小乔木在前（线稿简单处理），大乔木在后（线稿加上斜线或增添一些植物状经脉），对比前面一般高度的乔木，通过对比拉开层次，突出不同植物组团间的高差。

6.3.1.4 绘制要点

① 地形在剖面图中用地形剖断线和轮廓线表示。
② 水面用水位线表示。
③ 树木应当描绘出明确的树形，注意不同树种的绘制与配置、色彩变化与虚实对比。
④ 构筑物用建筑制图的方式表示。

6.3.1.5 绘制步骤

① 步骤一：找出剖切位置，大致起稿。用铅笔轻轻标出每个景观节点的相对位置，大致描画出林冠线的高低起伏，即植物的最高与最低处以及地面起伏线，并且确定比例尺（图6-3-6、图6-3-7）。

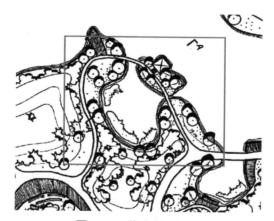

图 6-3-6　找出剖切位置

A-A剖面图 1:500

图 6-3-7　大致起稿

技法引领

　　绘制林冠线是关键的一步。林冠线不要平缓，要有"高低高"或者"低高低"的韵律变化。一般来说，在绘图过程中更倾向于"高低高"的韵律变化。

② 步骤二：确定地面状况。确定主要植物、构筑物、水体位置，以及节点数量等（图6-3-8）。

A-A剖面图 1:500

图 6-3-8　确定地面状况

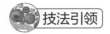技法引领

　　在绘图过程中，为节约作图时间可以通过参照成年人身高（1.7m）确定其余构筑物的高度。如树池高度大约在人下半身小腿处，稍微高大的乔木下枝最低处位于人的头部位置，护栏大致位于人的腰部等。

③ 步骤三：概括植物。如果剖到树林则可作为背景统一以树形轮廓概括，轮廓尽量简洁，起伏平缓；如果剖到节点丰富的区域，植物种植层次多就要做出取舍，挑选最有代表性、层次最和谐的植物，同时此区域要符合最初对林冠线的设定（图6-3-9）。

A-A剖面图 1:500

图 6-3-9　概括植物

④ 步骤四：深化植物细部。通过增加植物纹理或者轮廓加斜线、加黑等处理手法拉开植物各个部分的层次关系（图6-3-10）。

A-A剖面图 1:500

图 6-3-10　深化植物细部

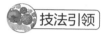技法引领

此步骤可以开始进行线稿勾勒，注意前后物体的遮挡关系，并擦除铅笔稿。

⑤ 步骤五：功能标注与标高。按要求进行功能分区标注、高程标注等，使图面更加完整，符合规范（图 6-3-11）。

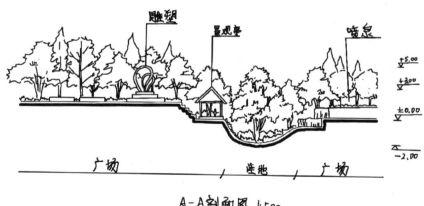

A-A剖面图 1:500

图 6-3-11　功能标注与标高

6.3.2　剖面图着色表现

剖面图着色可大致分为以下步骤。

① 步骤一：整体底层平铺上色。用深浅不同的绿色区分前景树和后景树，用浅蓝色上色水体，用棕色上色木质构架与坐凳，遮阳伞、砖墙、花坛等均用与实际颜色一致的色彩上色（图 6-3-12）。

剖面图植物上色方式与立面图一致，注意适当的留白与加深处理。

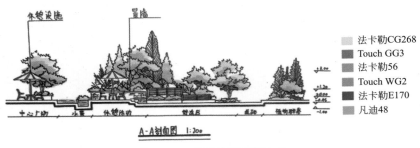

法卡勒CG268
Touch GG3
法卡勒56
Touch WG2
法卡勒E170
凡迪48

图 6-3-12　整体底层平铺上色

② 步骤二：复涂加深植物颜色。用上一步所用绿色沿着植物生长方向小面积进行颜色加深，适当点一两点笔触增强美观性。再选一两棵背景树用浅灰色叠涂增强前景树与背景针叶树的颜色对比。用略深色号的灰色加重砖墙与花坛的质感（图 6-3-13）。

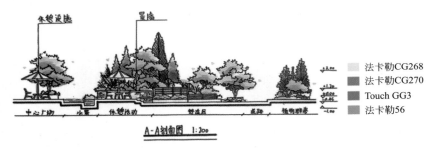

法卡勒CG268
法卡勒CG270
Touch GG3
法卡勒56

图 6-3-13　复涂加深植物颜色

③ 步骤三：丰富颜色层次。用绿色同样沿植物生长方向更小面积进行颜色加深，背景针叶树再次复涂浅灰绿色，木质构架与坐凳再次用浅棕色部分加重（图 6-3-14）。

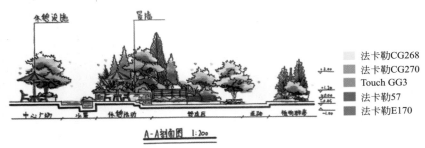

法卡勒CG268
法卡勒CG270
Touch GG3
法卡勒57
法卡勒E170

图 6-3-14　丰富颜色层次

④ 步骤四：添加阴影。用深绿色给树叶底部加深作为阴影，再选几棵背景树从底部少量叠涂深灰色（图 6-3-15）。

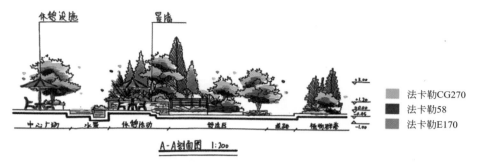

图 **6-3-15** 添加阴影

【绘画训练 6-3-1】 剖面图的表现练习

范例一

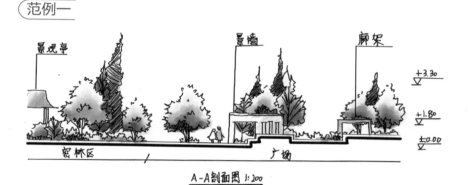

拓画与着色 也可扫章名页中的二维码下载电子文件放大打印后拓画、着色。

默画 准备尺寸适宜的纸张默画。

范例二

林地 / 草坡 / 林地

A-A剖面图 1:200

拓画与着色 也可扫章名页中的二维码下载电子文件放大打印后拓画、着色。

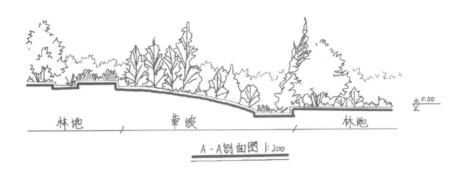

林地 / 草坡 / 林地

A-A剖面图 1:200

默画 准备尺寸适宜的纸张默画。

范例三

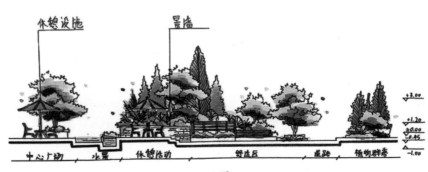

休憩设施　　景墙

+3.00
+1.20
±0.00
-0.45
-1.00

中心广场 / 水景 / 休憩活动 / 密庭后 / 直路 / 植物群落

A-A剖面图 1:200

拓画与着色 也可扫章名页中的二维码下载电子文件放大打印后拓画、着色。

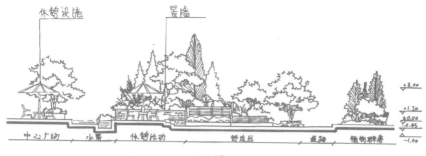

休憩设施　　　　　　景墙

＋3.00
＋1.20
±0.00
-0.45
-1.00

中心广场　　水景　　休憩活动　　　　野炊区　　　　道路　　植物群落

A-A剖面图　1:200

默画　准备尺寸适宜的纸张默画。

拓展练习

（1）临摹练习
平面图

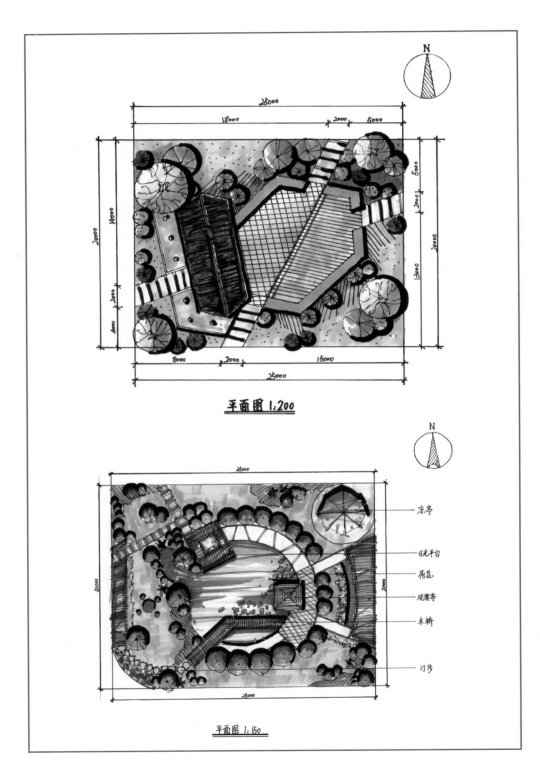

平面图 1:200

凉亭

晒平台

荷花

观瀑亭

木桥

汀步

平面图 1:150

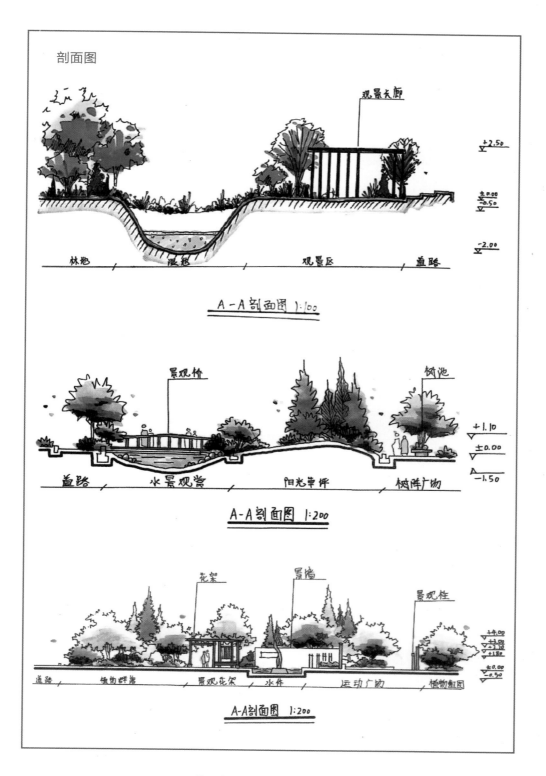

剖面图

观景天廊

±2.50

±0.00
-0.50

-2.00

林地　　　　湿地　　　　观景区　　　　道路

A-A剖面图 1:100

景观桥

树池

+1.10

±0.00

-1.50

道路　　　水景观赏　　　　阳光草坪　　　树阵广场

A-A剖面图 1:200

花架　　　　景墙

景观柱

±4.00
+3.00
+1.10
+1.50

±0.00
-0.50

道路　　植物群落　　景观花架　　水体　　　运动广场　　植物组团

A-A剖面图 1:200

（2）平剖转换

平面图

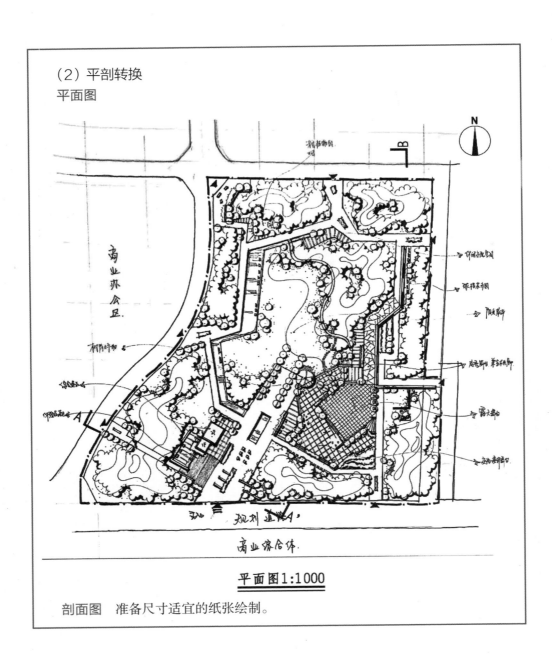

平面图1:1000

剖面图　准备尺寸适宜的纸张绘制。

第 7 章

景观快题设计表现

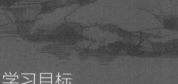

学习目标

① 了解景观快题设计的组成部分。

② 掌握景观快题设计的表现技法。

③ 能运用所学知识，进行快题设计的整体表达。

7.1 景观快题设计概述

7.1.1 概念

景观快题设计是指在规定的较短时间内完成景观方案构思和表达的一种方式。其特点为时间短、速度快，呈现的方案效果要整体和概括，往往是考查设计者景观设计综合素养的一种常用形式，要求设计者有较扎实的手绘基本功和设计能力。

7.1.2 基本思路

① 了解用地的基本信息。
② 明确定位，确定功能，厘清周边环境与服务人群的关系。
③ 规划布局，合理进行功能分区。
④ 搭建景观骨架，确定景观基本结构，调整入口、道路、节点等的位置关系。
⑤ 空间细化，对各景观节点进一步细致地分化。
⑥ 植物配置，对植物的颜色、大小、形态、习性等特点进行整体考量和配置。

7.1.3 基本步骤

① 审题：解读任务书中项目的区域位置（即红线），了解需要哪些图纸，绘图材料是否有限制，以及作图时间是多少。
② 构思：从地形、水体、建筑、植物四个要素的角度出发，对场地进行平面布局构思。
③ 起稿：可在草稿纸上绘制排版小样图，包括大致平面布局、轴测鸟瞰角度、人视点角度。在正式图纸上用铅笔规划每张图的区域范围。
④ 整体上色：明确整体的色调风格，图纸之间色调统一，着重表现总平面图、效果图及鸟瞰图的色彩关系。
⑤ 设计说明：简洁明了地阐述设计理念及设计构思。
⑥ 查漏补缺：检查画面，完善标题、指北针、标高、比例尺等内容，完成快题设计内容。

7.2 景观快题设计的图面表达

一套完整的景观快题设计由文字和图纸两部分组成，文字部分包括标题字体和设计说明；图纸部分包括分析图、总平面图、立面图、效果图、鸟瞰图，以及植物配置表。

7.2.1 标题设计

标题的样式作为整套快题设计表现的一部分，要求突出设计主题，并且要表现得快捷。学习者可以选择或设计自己喜好的一种样式进行练习直至熟记于心。

根据版面方向，标题也有横向字体和竖向字体之分（图 7-2-1）。

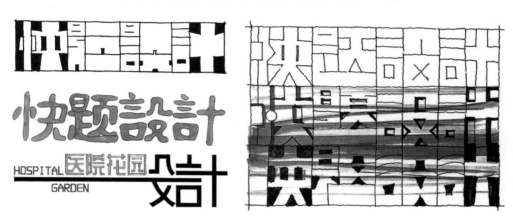

(a) 横向排列

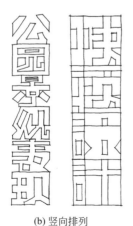

(b) 竖向排列

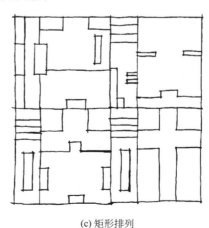

(c) 矩形排列

图 7-2-1　标题设计列举

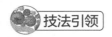
① 通常通过线框形式来集中表达设计主题和中心，注意和设计风格相统一。

② 在线框的基础上可以尝试添加阴影或描绘字形来突出字体内容。

7.2.2　分析图表现

分析图作为设计构思过程的一种呈现方式，在快题设计中有非常重要的作用和地位，一般对功能区域、交通道路、景观节点及主要植物配置这四个方面进行分析。

绘画时直接用手绘表达，用简洁的图示符号和明快的色彩表明相应的分析内容即可。

（1）基本图示

箭头及区域填充应用于各类分析图中，用简洁快速的图示方法，不同类别的内容使用不同的颜色进行区分（图7-2-2）。

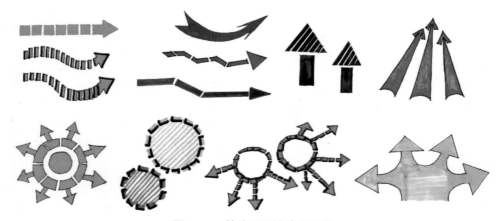

图 7-2-2　箭头及区域填充列举

（2）功能分析图

功能分析图用于表达区域的划分情况，一般以简洁的几何图形加上不同的颜色表示相关的功能区域（图7-2-3）。

技法引领

① 可以通过不同的色块来表达不同的功能分区，注意风格整体统一。

② 重点信息可以通过鲜亮的颜色（例如红色、黄色）来体现，绿化区域建议用绿色来表达。

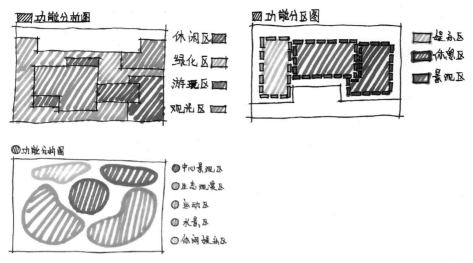

图 7-2-3　功能分析图列举

（3）交通分析图

交通分析图一般要标注出入口及道路的分级，以表达方案中的整体流线设计。道路线条用虚线段表示，不同分级的线条有粗细和颜色的区别（图 7-2-4）。

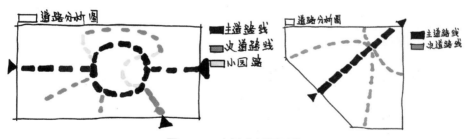

图 7-2-4　交通分析图列举

（4）景观节点分析图

景观节点分析图用于表达景观节点及景观轴线的设计规划，一般用色块来表达，可以适当结合箭头来表达景观的视线及功能的重要性（图 7-2-5）。

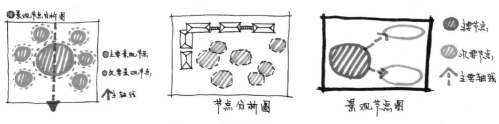

图 7-2-5　景观节点分析图列举

（5）植物分析图

植物分析图可以呈现场地中主要乔木、灌木及地被的种植比例关系，常绿植物和落叶植物的比例关系，甚至观花植物、观叶植物、观果植物的比例关系。图面上以植物平面图例和植物名称表示（图7-2-6）。

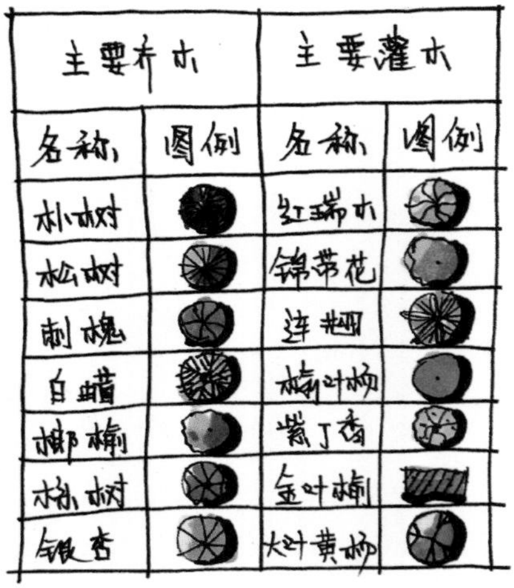

图 7-2-6　按照乔木、灌木、地被的顺序排列

此外，也可按照一年四季的植物景色变化进行归类整理，呈现四季有景、三季有花的植物美景（图7-2-7）。

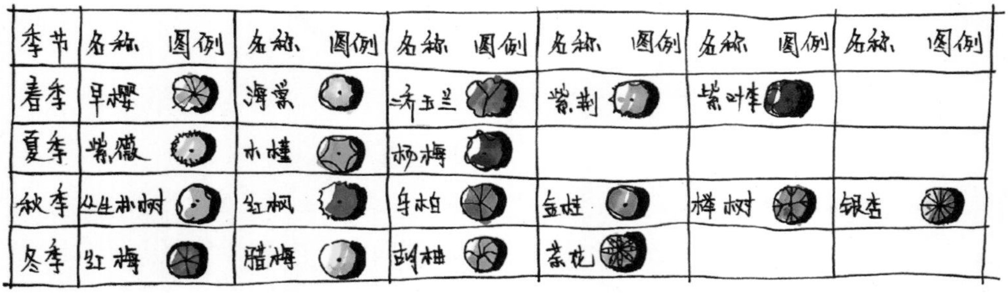

图 7-2-7　按照四季植物景色变化归类整理
（其中，"腊梅"应为"蜡梅"）

7.2.3　平面图

平面图是最重要，也是最首要的一张图，能整体呈现项目设计内容。景观快题设计中一般呈现方案的总平面图，要求突出设计主题，绘画时要厘清主次关系，对整体进行把握，选择简洁明了的表达方式，局部重点内容再进一步细致刻画。要求标注指北针和相应的图名与比例（图7-2-8）。

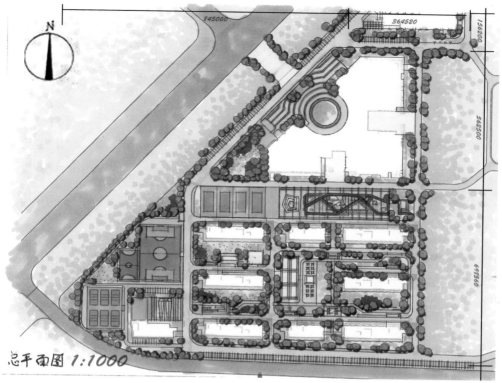

图 7-2-8　总平面图

7.2.4　立面图

立面图反映竖向设计，在剖切位置选择时要尽量体现不同景物间的前后层次关系，挑选典型要素进行表现（图 7-2-9）。

图 7-2-9　立面图

7.2.5 效果图

效果图作为快题设计中的点睛之笔，是除总平面图之外，占版面最大的一张图，要求能体现设计主题景观内容，营造场景的氛围感（图7-2-10）。

图 7-2-10　效果图

7.2.6 鸟瞰图

对于较大的地块，还可以增加鸟瞰图表现其整体的效果，但耗时较长，难度也较大，初学者可酌情选择使用（图7-2-11）。

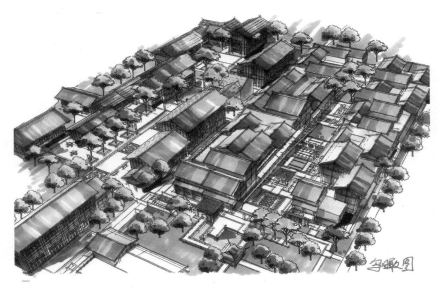

图 7-2-11　鸟瞰图

7.2.7 设计说明

设计说明是设计者通过文字方式对自己的设计意图进行的一种阐述，文字要求简洁明了，字数一般在 200 字左右，内容上一般从设计理念与设计构思两个方面展开。

（1）设计理念

可以从自然环境、人文关怀、设计风格、植物应用等方面着手设想与说明。遵从人与自然和谐、以人为本的理念，处理人们的休闲、娱乐、居住、观赏、交流等方面的关系。

（2）设计构思

设计构思着重从总体的平面布局、功能结构、道路规划等方面的设计手法进行阐述。

格式上可采用三段式。

① 第一段：本方案设计的灵感来源和设计立意。

② 第二段：功能、节点等分析，以及阐述本方案中的设计优点。

③ 第三段：方案中使用的材质及园林景观的植物配置情况。

7.2.8 排版设计

快题的版面设计犹如一个人的衣着搭配，搭配不好会影响设计与表现的效果，有序合理地排列布局，则能帮助快题方案的思路表现得更加清晰，也能引导别人更好地欣赏方案，给人眼前一亮的感觉，因此，从排版中可以看出设计者的专业素养。学习者可以参考一些平面的排版方式，从中得到启发。在正式起笔前，应该先进行版面设计，可以先在草图纸上勾画小图，或者直接在画稿上用铅笔划分区域。

（1）纸张规格

快题设计一般使用 A1、A2 或 A3 绘图纸。如果自备纸张，则可以选择稍薄的象牙黄色稻林纸，这样更容易统一色调。

（2）排版设计的原则

① 图纸的完整性。版面上需要完整、清晰地表达出设计的整体过程，包括平面图、分析图、效果图、剖 / 立面图及设计说明。

② 主题与内容的协调性。

③ 图幅间的制约性：一般总平面图与效果图、设计说明联系紧密，通常排列在一起。

④ 创造性。在确保前三点的前提下，版面要尽量有创造性，如通过特定符号元素或色彩将画面中独立、个体的图面整合起来。

（3）排版设计的技巧

① 松弛有度：版面要看上去构图饱满，但又有透气感。

② 色调统一：整体版面内容的色调需一致，建议选择暖色调，冷色调会略显惨白。

（4）几组常用的版式

常见的版式有横向、斜向与竖向排版。学习者可以掌握几种基本的排版方式，以备需要时可灵活应用（图 7-2-12）。

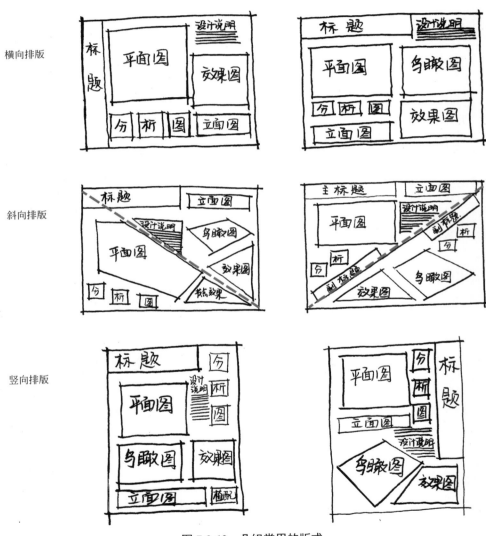

横向排版

斜向排版

竖向排版

图 7-2-12　几组常用的版式

技法引领

① 优先考虑总平面图的位置，再围绕总平面图布局与其关联紧密的内容。

② 可以先在草图纸上勾画小图，或者直接在画稿上用铅笔划分区域。

7.3 售楼处景观快题设计范例

7.3.1 任务书

（1）项目概况

某市的一个住宅小区正在开发中，将要对该小区进行售楼处景观优化设计。场地西面为主干道，东面为住宅小区，北面为商业区，南面为城市公园。设计用地较为规整，场地总用地面积约 3500m^2，总建筑面积约 650m^2（图 7-3-1）。

图 7-3-1 项目概况

（2）设计要求

① 需充分展示该小区的主题和特色。

② 设置特色，吸引人群进入场地。

③ 需考虑人群进出以及活动安全问题。

④ 需画出平面图、立面图、剖面图、轴测图或鸟瞰图各一张，小景图若干，比例自定。

⑤ 分析图、设计说明自定。

（3）时间要求

3 小时快速表现。

7.3.2 范例

针对上述任务书的快题设计范例如图 7-3-2 所示。为保证作品完整性和表现效果，本书未对范例中标题和设计说明文字进行修改。

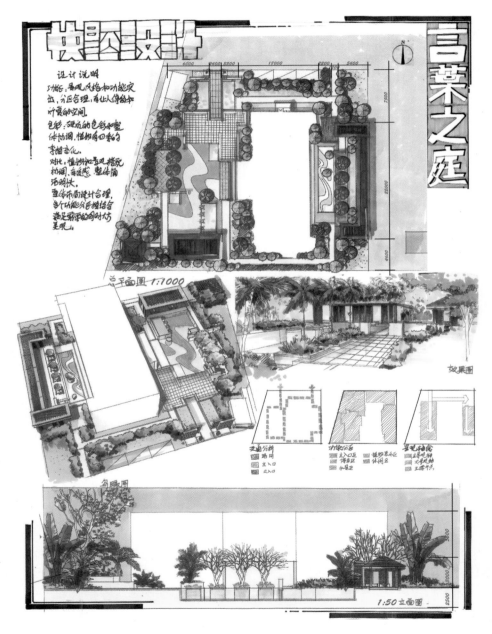

图 7-3-2 快题设计范例

7.4.1 任务书

（1）项目概况

某市某历史街区要进行景观优化设计。项目用地北侧靠山，南侧为商业区（图 7-4-1）。

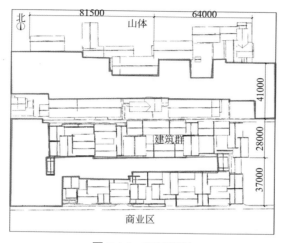

图 7-4-1 项目概况

（2）设计要求

① 地块完全开放，不设围墙。

② 设计应体现历史街区的主题及特色。

③ 需考虑人群进出以及活动安全问题。

④ 能为周边地块人群提供休憩、集会、活动等功能，其余功能自定。

⑤ 需画出平面图、立面图、剖面图、轴测图或鸟瞰图各一张，小景图若干，比例自定。

⑥ 分析图、设计说明自定。

（3）时间要求

3 小时快速表现。

7.4.2 范例

针对上述任务书的快题设计范例如图 7-4-2 所示。

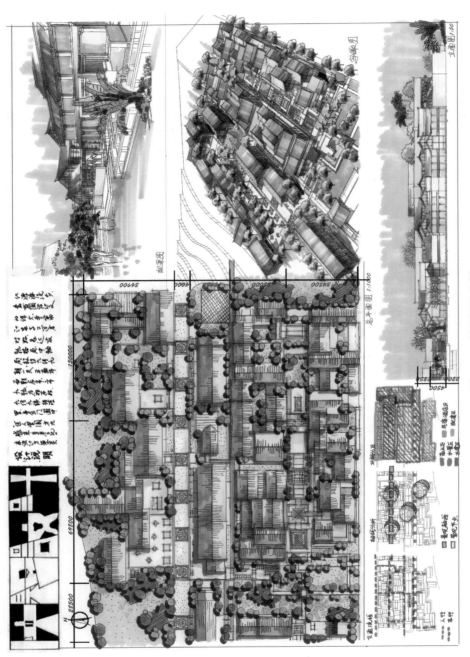

图 7-4-2　快题设计范例

7.5 校园景观快题设计范例

7.5.1 任务书

（1）项目概况

某市某学校要进行校园景观优化设计。项目用地北侧为行政区，西侧为运动区，南侧为宿舍区，中间为中心景观区（图7-5-1）。

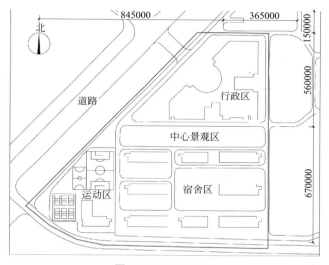

图 7-5-1 项目概况

（2）设计要求

①需结合校园的休闲活动需求设置相关活动场地。

②设计应体现校园景观特色。

③需考虑人群进出以及活动安全问题。

④需满足师生的日常生活需求，合理处理场地内外高差。

⑤需画出平面图、立面图、剖面图、轴测图或鸟瞰图各一张，小景图若干，比例自定。

⑥分析图、设计说明自定。

（3）时间要求

3小时快速表现。

7.5.2 范例

针对上述任务书的快题设计范例如图 7-5-2 所示。

图 7-5-2 快题设计范例

7.6 城市公园景观快题设计绘画训练

（1）项目概况

公园位于某小城市中心，南北毗邻住宅小区，东侧为河道，西侧靠近城市干道，地势平坦，具体情况如图 7-6-1 所示。

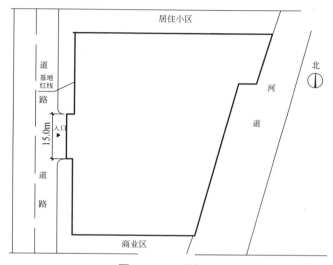

图 7-6-1　项目概况

（2）设计要求

① 城市开放性公园，满足周边小区居民日常的休憩与活动。

② 分析环境与人流，合理设置公园出入口。

③ 设计理念与主题要体现城市公园的特征。

④ 需画出平面图、立面图、剖面图、轴测图或鸟瞰图各一张，小景图若干，比例自定。

⑤ 分析图、设计说明自定。

（3）时间要求

3 小时快速表现，准备尺寸适宜的纸张练习。

7.7 优秀学生作品

为保证作品完整性和表现效果，本书未对标题和设计说明中的文字进行修改。

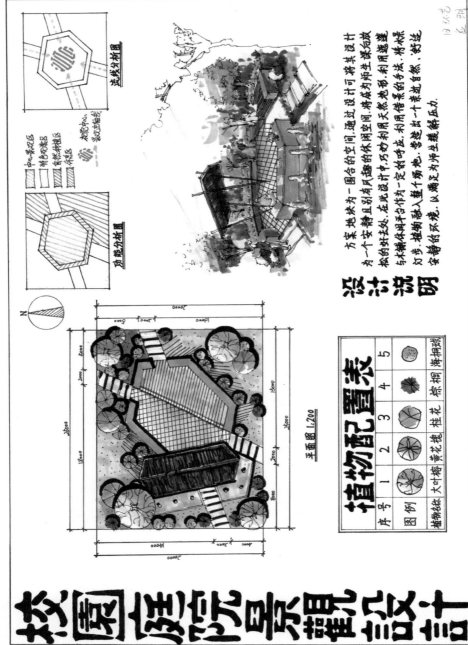

流线分析图

功能分析图

图例
中心景观区
道路分析区
绿色种植区
休息区
道路中心、
彩灯主轴线

应明 绘

方案 地块 为一 围合 的 空间，通过 设计 将 其 设计 为一个 安静 且 别 有 风味 的 休闲 空间，将 成 为 师生 谈 心 设计 松 的 好 去处。在 此 设计 中，巧妙 利用 天然 地形，利用 造景 与天 桥 林 树 等 作 为一定 的 对景，利用 借景 的 手法，将 木 椅 布置，搭配 花池 融入 整个 景观 地。参 透 此 一 未来 近 自然，舒适 安静 的 环境，以 满足 为 师生 美 称 的 压力。

设计说明

植物配置表

序号	1	2	3	4	5
图例					
植物名称	大叶榕	黄花地	桂花	棕榈	海桐球

平面图 1:200

N

校园庭院小景组群设计

企业案例设计实践

美兰湖公园入口景观方案设计手稿

　　地理位置　项目位于上海市宝山区罗店的美罗家园大型居住社区内。地块东起沪太路，西至陆翔路，北靠美爱路，南邻美兰湖路。西湖公园总设计范围为195740.26m^2，其中一期总用地面积117178.2m^2。

　　设计（要求）理念　感受绿色脉搏，重塑健康生活，演绎生态有氧社区公园；创造一个连接城市自然和文化的现代化社区公园，同时赋予场地海绵生态和绿色运动功能。

　　设计构思　罗店"因水成陆，依水而兴"的自然格局映射到景观中，以水为影（引），以文为脉，汲取文香罗店"春有花神秋有画，夏有龙船冬有灯"等艺术之美，用现代的方式演艺"西园十景"，成为新的文化印记。

　　入口节点设计理念　扬帆起航。

　　景观表现　以罗店龙船形态为设计原型，营造千帆竞渡的景观氛围，寓意金罗店扶摇直上的繁荣之景。借用陶渊明诗中"芳草鲜美，落英缤纷"之意境，取大面积各色花林引入景区入口，除去喧嚣都市的繁杂，体会世外桃林般净土，迎接四方来客。

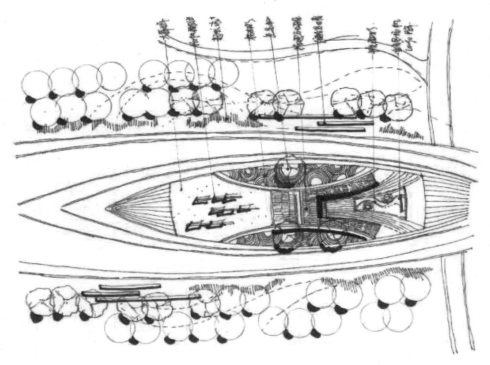

"扬帆起航"主题公园入口方案一平面图

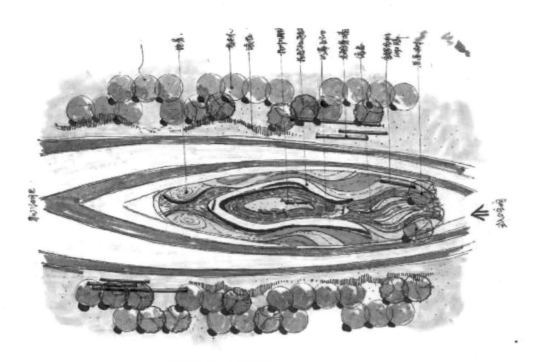

"扬帆起航"主题公园入口方案二平面图

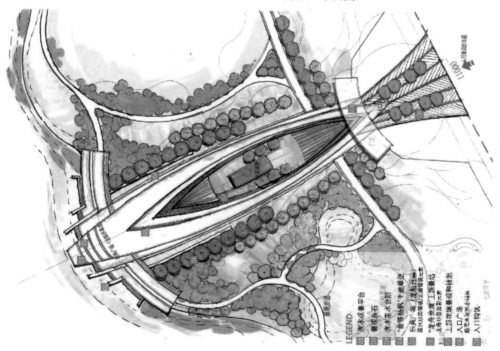

"扬帆起航"主题公园入口方案三平面图

济南主题乐园景观方案设计手稿

地理位置　项目场地东临韩仓河，北边是经十路，南边是经一街，西面紧邻凤鸣路。

周边业态　乐园北边是融创茂与冰／篮球馆，乐园西南侧是酒店，乐园南侧为酒吧街，东侧为韩仓河滨河生态廊道。

项目概况　本次项目设计包括入口广场、魔法小镇主题区、冒险港湾主题区、小矮人农庄主题区、精灵森林主题区。

设计要求　与规划主题相呼应，强调趣味性和沉浸式的景观体验感受。

设计理念　一场勇士与海盗斗智斗勇、惊险刺激的冒险之旅。

设计构思　结合场地空间以及游乐设备，通过误遇海盗、海寨迷踪、海礁寻宝、勇战海神、城堡混战、冒险港湾这几个主题景观节点来打造惊险刺激的主题空间氛围。

冒险港湾主题区概念景观平面图

"城堡混战"主题节点　整体风格贴合建筑外立面中世纪海盗港口的风格，以大块碎石铺装和破裂的路面铺装为基底，用炮台、囚禁犯人的枯井、监狱铁门、巫蛊雕塑等场景化小品营造海盗城堡监狱的氛围。

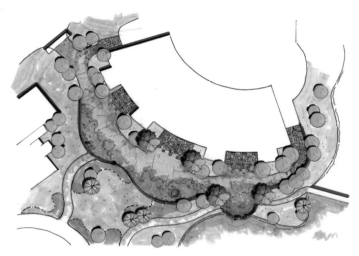

城堡混战主题区概念景观平面图

"海礁寻宝"主题节点　利用礁石穿梭步道以及礁石戏水的景观布置，将游客带入海港礁石沙滩的场景氛围之中。妙趣横生的戏水天堂和寻找宝藏的探奇冒险，都将成为游客美好的游玩体验。

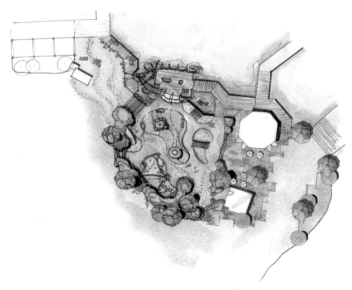

海礁寻宝主题区概念景观平面图

无锡融创主题乐园——动物乐园概念手稿

项目概况 动物乐园为无锡融创主题乐园前期规划的一个区，后期因多方原因取消落地计划。

设计要求 规划以动物为主题的体验式乐园空间。

设计构思 此区域景观设计重在体现半隔离的景观空间，在保证安全性的基础上根据动物习性设计挑台、栈道、玻璃圆球等体验式的景观空间，强化人与动物之间的互动。

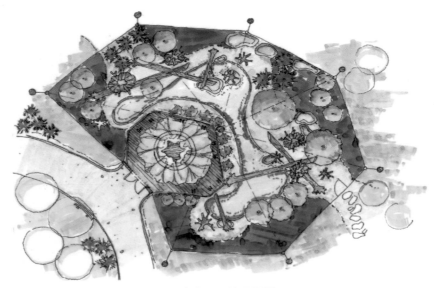

飞禽生活环境平面图

猴岛半隔离生活环境剖面示意图一

猴岛半隔离生活环境剖面示意图二

猴岛亲近式生活环境剖面示意图

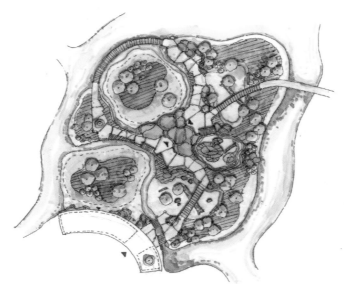

猴岛生活环境平面图

水獭生活环境剖面示意图

小熊猫栖息环境剖面示意图

小熊猫生活环境景观剖面示意图

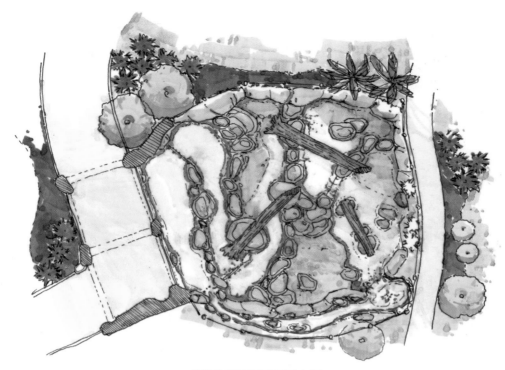

棕熊生活环境平面示意图

熊生活环境剖面示意图

无锡主题乐园——蒸汽时代概念手稿

地理位置 无锡市滨湖区具区路与缘溪道交界处,无锡融创乐园占地面积 57 万平方米。

项目概况 以传统江南文化为主题,设计了运河人家、泡泡泉小镇、霞客神旅、蒸汽时代、田园欢歌、冒险港湾六大主题园区。

设计要求　与规划主题相呼应，强调趣味性和沉浸式的景观体验感受。

设计理念　以中国第一艘蒸汽轮船"黄鹄号"为原型，将蒸汽时代主题区打造成融合无锡人文工业元素的粗犷神秘的蒸汽时代魅力。

设计构思　此区域以蒸汽机内部构造为主线，再现工业生产的奇特场景，通过矿坑隧道、惊险扑救、管道丛林、能量锅炉、汽笛轰鸣曲、蒸汽游戏台、蒸汽船码头几个节点让游客去发现蒸汽管道的动力之谜。

管道丛林景观节点立面示意图

惊险扑救景观节点效果图

能量锅炉景观节点效果图

矿坑隧道景观节点效果图

动物餐厅景观概念设计手稿

项目背景　该项目是以动物为主题的餐厅景观设计。

设计理念　景观设计上想要营造的是一个偏自然和野趣的亲子就餐空间。室外平台就餐视野开阔，给人仿佛在动物园就餐的感受；并设计小型的动物园互动体验以及看台空间，通过溪流、栈道、绿植营造惬意休闲的游园空间。

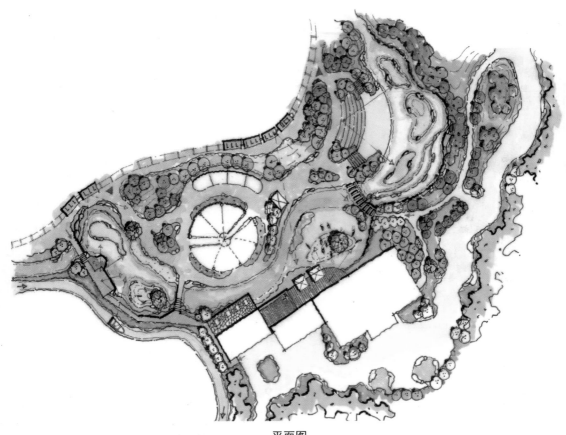

平面图

范例 6

昆明草海酒店平面方案手稿

设计理念　整体设计以徐霞客环游昆明及梦中探寻金马碧鸡传说为主线，将呈现山峦盘绕、云雾缭绕、村庄傍山而居的自然景观，营造室外仙境的景观氛围。

酒店区　览昆池胜景，会四海知音（登山→会友→览胜→入梦）。

故事策划　以徐霞客游历昆明胜景、交结友人以及忆友为主线，设计变化多样、仪式感强的公共空间和禅风闲庭对饮聊欢的休闲空间。

　　湿地区　梦寻深居灵纛（寻仙—纳福）。

　　故事策划　以徐霞客探寻金马碧鸡传说为主线，将呈现云南"坝子""岩溶"等特殊地貌和民族风情，以及健康养生功能的生态文化湿地景观。

平面图

主题乐园牧场概念手稿

项目概况 该区域为主题乐园的一个节点，景观主要以牧场为载体，引入亲子休闲主题活动，打造具有迷宫娱乐效果的大地艺术景观。

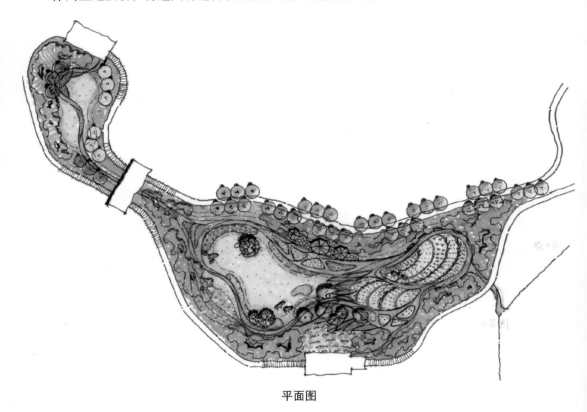

平面图

范例 8 济南秀场手稿

地理位置 项目场地东临韩仓河，北边是经十路，南边是经一街，西面紧邻凤鸣路。

周边业态 周边有融创茂与冰/篮球馆、四星酒店，以及六星酒店、酒吧街、融创乐园。

设计理念 泉城流韵。

设计构思 结合济南泉城的城市特色，以"泉城流韵"为主题，方案整体根据建筑外立面线条进行发散，线条自然流畅，入口以跌水景观、特色绿化与特色坐凳进行组合，打造层次丰富的入口空间。

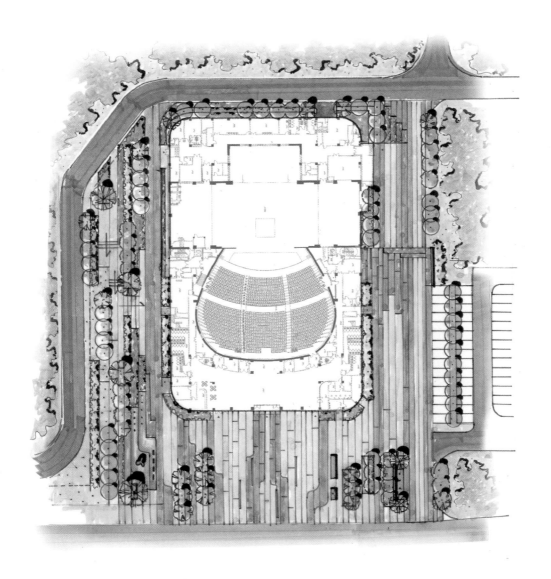

附录一中案例手稿由杨萍绘制。

扫码欣赏更
多手绘作品

附录二

作品赏析

上海嘉定印象城景观节点效果图 （张海燕 绘）

朝阳工业园区景观节点效果图 （朱世靖 绘）

居住区景观节点效果图 （张海燕 绘）

居住区景观节点效果图 （朱世靖 绘）

芽庄美人湾休息亭节点效果图 （余汇芸 绘）

湿地草屋民宿入口节点效果图 （余汇芸 绘）

参 考 文 献

[1] 任全伟 . 园林手绘表现技法 [M]. 北京：清华大学出版社，2019.

[2] 王丽文 . 景观设计手绘技法与快题表现 [M]. 北京：人民邮电出版社，2016.

[3] 赵航 . 景观·建筑手绘表现综合技法 [M]. 北京：中国青年出版社，2018.

[4] 左铁峰，余汇芸，李明 . 空间设计手绘表现图解析 [M]. 第 2 版 . 北京：海洋出版社，2014.

[5] 海伦·托马斯 . 伟大建筑手稿 [M]. 马尧，婷玉，译 . 北京：中信出版集团，2019.

[6] 李鸣，柏影 . 园林景观设计手绘表达教学对话 [M]. 武汉：湖北美术出版社，2013.

[7] 贾新新，唐英，马科 . 景观设计手绘技法从入门到精通 [M]. 北京：人民邮电出版社，2017.

[8] GB/T 50104—2010. 建筑制图标准 .

[9] 殷光宇 . 透视 [M]. 杭州：中国美术学院出版社，1999.